好想住文艺风的家

客厅设计与软装搭配

夏然 编著

江苏凤凰科学技术出版社

客厅是解决问题的地方

每一天，每一分，每一秒
我们都面临各种各样的问题
复杂的同事关系
尘封的故友关系
启蒙的亲子关系
……
如果你累了
请停下
打开客厅的灯
梳理一下自己与物品的关系
整理是发现自我的过程
通过磨砺而成长
在整理客厅的过程中
脱离执着
遗忘痛苦
再一次梳理清楚
自己与世界的关系
自己与物质的关系
自己与欲望的关系
自己与自己的关系
自己与前世今生的关系
不为昨日牵绊
不为明日忧虑
永远活在当下
安然自在
更冷静，更愉悦，更丰富，更充实

只奉献给家庭主义者
客厅是生产幸福感的地方

客厅进化论

客厅一词出现于20世纪二三十年代，著名作家巴金先生在《灭亡》第七章中写道：“楼下客厅里，浅绿色的墙壁上挂了几张西洋名画，地板上铺着上等地毯。”说起客厅，大家首先想到的就是那个大电视机，以及全家人围坐在一起看电视的情景……20世纪60年代经济条件相对落后，基本上都是卧室兼客厅，类似于我们现在的开间，也就基本没有客厅一说。到了20世纪七八十年代，随着居住条件的改善，有了食寝分离，逐渐地各个房间的居住功能也更加分明。后来又有了“大厅小寝”之说，但不论是哪种，都是为了寻求更加舒适的居住环境。

关于小康居住调查的统计	
在家聚会频率	频率百分比
每周一次	12%
每月一次	10%
节日聚	25%
偶尔聚 / 极少聚	24% / 29%

评估一下，你居住的客厅正处在哪个阶段呢？

客厅时光轴

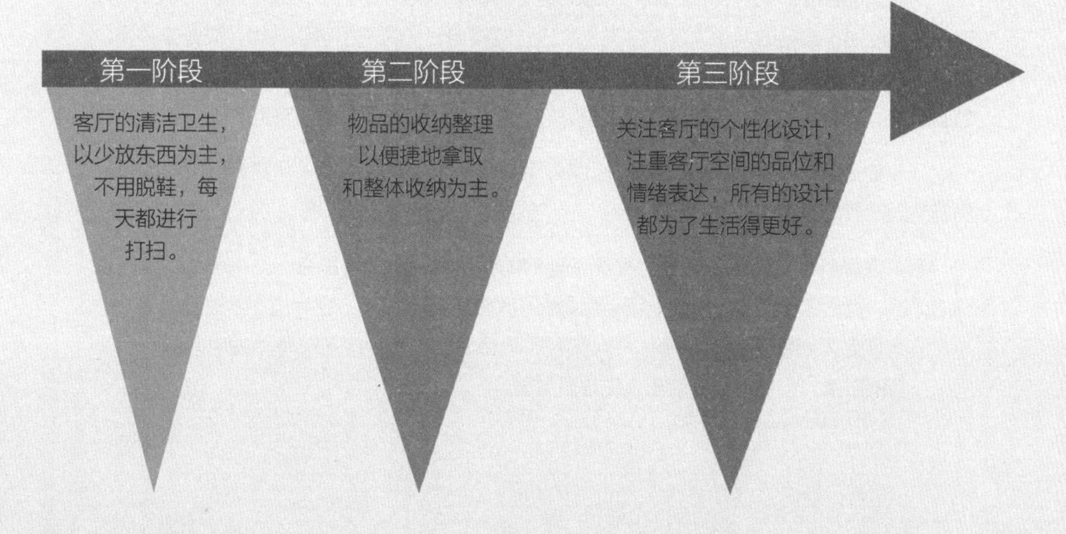

为什么要阅读此书

真正的家是让你舍不得离开的地方。

健康的客厅不仅要住得舒服，还能够得到身心的愉悦感。

这不仅是一本关于收纳整理、室内设计的书，更是一本调节情绪、深度懂你的书。

这是一把开启时光之门的钥匙。

由于物质条件的丰富，我们这一辈人更加注重自己的情绪和精神世界，正因为如此，less is more 比以往任何一个时候都更加流行，也有很多人选择“断舍离”，梳理自己与物品的关系是需要极大勇气的，当然也能够带来颠覆性的人生体验。

目前市面上有很多关于收纳整理的书，笔者也是一路学一路走过来的，写作《怦然心动的人生整理魔法》的近藤麻理惠因为过度整理家居而生病住院治疗，其实我也有这样的经历。连续三个月，我都会在固定的时间因为整理物品而患上呼吸道的疾病。我用厚厚的便签本把家人所有的衣服逐一按照颜色、面料、款式、类别进行记录，我的先生曾说他的衣服很少，记录在册以后发现，其实也有好几十件呢，当然之于我还是小巫见大巫。这真是一件有趣的事情。

所以做任何一件事情都需要有一个度，只有这样才能够感受到其中的乐趣。那么整理好一个优质的客厅到底有什么好处呢？想到这个问题，就好像看见了无数忙碌且充满负能量的画面。沟通不顺畅的两个人经常会发生争执；觉得自己的情感得不到共鸣，或者被忽视；对对方太过严苛而使其产生逆反心理；因为身体的疲惫而对家人没有耐心……太多这样的灰色画面了，每个人都渴望在家里面得到理解和呵护，客厅能够承载这么多吗？

一个健康的客厅不是单纯收纳整理那么简单，下面我们来感受一下健康客厅对家都有哪些方面的影响。

老人会愿意坐在客厅的沙发上看着子孙们闲话家常，就算偶尔有一些小争执也没有任何的关系。有的老人腿脚不方便，所以尽量保留宽敞的行动空间。会专门在沙发边上放一个小桌，方便老人随手拿起老花镜。可以在客厅阳台上为喜欢种植花花草草的老人留一些空间……有的时候，小客厅反而让家人觉得更温馨。

随着家庭成员的增加原本应该换更大一些的房子，但不是所有人都有这个条件，所以比较好的方式就是随时调整客厅的空间结构。特别是当有了孩子以后，原本的二人世界就可能彻底成为儿童世界，甚至游乐园。健康客厅的设计可以让孩子更加欢乐地成长，家庭的娱乐模式也会有所区别，当然随之而来的收纳整理内容也有所不同。

虽然是夫妻，但越来越能体会到“两情若是久长时，又岂在朝朝暮暮”的感受了。工作一天回来，真正能够坐在客厅聊天的时候已是夜深人静。客厅的落地小夜灯、沙发的抱枕以及在角落促膝的小空间等都能为工作忙碌的夫妻增加归家后的情感交流。如果你不是累得倒头就睡，那就趁孩子睡了，来一杯红酒，微醺之间缓释一下生活的压力。

充满阳光的客厅会让人不知不觉地露出笑容，和植物一样定期进行光合作用对于修复身心有着极大的帮助。每一个个体都有自己成长的偏差，如果长期待在采光不好的客厅空间中就容易放大负面情绪，让阳光冲淡那些不愉快的记忆吧。由此延伸出来，客厅合理的人工照明同样也能够促进身心的成长。当然客厅元素涉及方方面面，究竟自己更适合哪一种呢？

在古代，大多数人都会非常注重住宅的格局，并特别注意气的走向。阳光、空气、水是维持生命的重要三元素。如今有越来越多关于 PM2.5 的问题，空气的质量成为居住环境中非常重要的部分。对于改善空气品质的方法，最简单的就是拒绝导入不好的气体，同时净化引入新鲜的空气，所以客厅如何密封与打开、如何净化都与家人的安康息息相关。

要让客厅的每个物品都充满价值，并且将价值发挥到最大。将没有价值的物品进行再回收处理，或者暂时将它们收纳起来。并非单纯依靠某一种摆设就财源广进，而是要让客厅的物品因为其具有的无限价值而产生流动之感。我们知道最具有流动性的除了水就是空气，而这两者都是源源不断的，所以如果你希望客厅的设计对家庭产生积极的影响，那就一定要注意定期清理客厅的物品，避免气的滞留。

总之，客厅是非常重要的家居空间，为了更好地营造家庭氛围，请静下心来好好开始后面的阅读吧。

客厅的重要性

客厅就如同是一个家的面子，哪怕是再小的家，40 平方米的开间，进门后给人的第一感受也是很具有冲击力的，这里的冲击力不是吸引眼球的视觉效果，而是这个家本来的样子。所以，我们一起来看看客厅空间对于不同居住人群都有什么样的意义吧。会客、休息、阅读、手作、用餐、玩耍、办公、品茗、看电视……

单身人群

朋友聚会肯定是客厅中最大的一件盛事，如果这个房子的客厅聚会完全是由你自己来收拾，那首先要注意方便清洁的问题。关于小户型的聚会问题，大家可以参考“聚在一起，唤醒对客厅的热爱”的内容，特别是软装，除非你准备每办一次聚会都扔掉一堆东西。当然，喜欢几个朋友小聚的单身人群，可以在舒适度上做文章，特别是不想自己独眠，希望有朋友来过夜的，你可以直接参考“规划客厅中的厅中厅”和“朋友来了，客厅变客房”的内容。

双职家庭

除了节假日和请病假，其他时间你基本上只能看见客厅入夜的模样。除非你和家人有早起的习惯，还可以在早上利用一下客厅，有时候想想花这么多钱租一房子、买一房子还没有衣服来得如影随形。既然如此，客厅中的照明设计就变得很重要了。本书中很多章节都有讲到照明问题，而且都非常容易上手。可参考“小客厅，小小图书馆”的内容，对于忙碌了一整天的双职家庭来说会是很好的睡前休息方式。

全职主妇

早上把孩子送去幼儿园，回家打扫完卫生以后，客厅就变成了一个彻底的休息区域，上午坐在客厅一边叠衣服一边看电视剧，买完菜回来还会在客厅择菜，隔壁邻居也会在客厅小坐一下，这个小小的客厅主要是以休闲为主，所以整洁、干净非常重要。有时候想把客厅收拾一下，如果你想升级一下收纳整理方案，可以参考“抽屉分好类，生活不会累”；如果你希望给家人大大的惊喜，可以直接翻开“别着急扔果酱瓶，把小心思装进来制作大大的艺术馆”，会发现生活如此与众不同。

SOHO 一族

SOHO 即 Small Office, Home Office，家居办公，大多指那些专门的自由职业者。这是超值利用客厅的人群，更多的 SOHO 一族喜欢在客厅的阳台附近设计自己的工作室，并不喜欢待在封闭的书房里，开放的空间更容易激发大脑潜能，除非家有顽童，迫不得已。所以这类族群首先讲究收纳整理，其次便是客厅调性。对于做创意型工作的 SOHO 一族，建议看看“几何控，如何玩出小新鲜”，让你在几何元素中玩得不亦乐乎；对于做 IT 或者金融类工作的 SOHO 一族，建议看看“最抗霾的环保装饰方案”，大脑的放松主要靠氧气，供氧充足的客厅会让你的思维更加敏捷。

专业建议如何一步一步下决心

第一步　清楚地知道自己想要什么

想要一个精心装饰的圣诞客厅，还是一块下班回家后可以随便躺的沙发空地？又或者别有雅兴地想要摆一个春日小景，明确自己到底想要什么。

第二步　为你的目标设定执行方案

预测完成的时间和执行的步骤，并且合理地安排自己的休闲时间，保证 7 ：3 的整理与休息时间比，最好别累到自己。

第三步　测试方案的可行性

看看自己是不是可以有效地完成既定的目标。建议采用保守方案，从小处着眼，比如仅改变一个客厅元素，逐渐扩展。

第四步　给自己足够的鼓励

比如当你决定要在沙发腾出一个空地给自己撒欢的时候，那就在收拾完了以后，好好地在上面躺着，直到感叹说“收拾完屋子真好啊”。

第五步　由点及面，最终大刀阔斧

从单一元素重组开始，感受到甜头，在你痛下决心以后，建议以朋友聚会为目标，让重组客厅变成最值得期待的满分答卷，收获朋友赞赏的目光。

目 录
CONTENTS

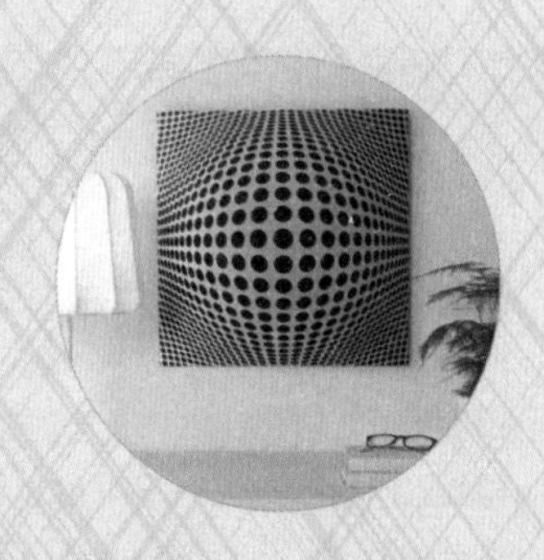

LIVE
ROYAL

下决心重组客厅元素

下决心整理物品对于很多人来说是一件困难的事情，“舍不得”“不敢面对”“怕麻烦”是三个主要的心理状态。其实没有轻松的整理办法，完全取决于自己的态度。这个世界上有两类人：第一类为欲望型人格，他们不断处在想要的阶段，并且会用自己的努力不断地满足自己的欲望，你也可以说他们是被欲望牵着走的人，但是这类人积极向上，不断进取；第二类为节欲型人格，他们不断处在节制欲望的状态，具有强烈的自控性，把自控变成一种自然而然的事情，并且因为自控而觉得轻松舒适，他们善于自我调节，并且将生命尽可能地简化，因此他们的物欲最弱。下决心重组客厅元素主要针对的是第一类人，而梳理与物品的关系也主要针对这群人，他们处在“客厅时光轴”的第一和第二阶段。第二类节欲型人格则处在“客厅时光轴”的第三阶段，主要需要启动生活方式的元素。那么，下决心究竟有多重要，又有多少人因为下不了决心而被困扰呢？

网友蜜蜜的小心思：舍不得扔，总有一些办法能够把舍不得扔掉的东西装起来。

人非圣贤，孰能轻松“断舍离”

总有很多舍不得扔掉的东西，
透明的储物空间让你第一时间找到最爱，
各种不起眼的死角都会因为设计而春意盎然。

方法一 就算乱也要乱得有章法

好累，一周都顾不上收拾屋子，虽然屋子乱得一塌糊涂，但还是希望这样：想坐有得坐，想站有得站，想放有得放，想拿有得拿，想藏有得藏，想露有得露……这是一门学问，居家达人不是一尘不染，而是收放自如。

方法二　选择可调式收纳办法

时时刻刻都要随机应变，由于不知道未来需要怎样的储物高度，可调式隔板设计则可轻松应对。

方法三　哪里乱放就在哪里收

多一些方式来应对储物，金属材质牢固可靠，收纳架用手就能轻松推动，回到了最原始的生活状态。

方法四　不放过任何一个角落

任何一个东西都可以把家搞乱。三角形结构可与空间融为一体，那些你舍不得扔掉的小玩意都可以放在里面。

网友 Andy 的小心思：
干吗要活得那么纠结，
多多开发家的容量不就
好了吗？

方法一　升级出一张大桌子

210 厘米 ×90 厘米是通用的尺寸，会帮你解决“断舍离”前的小拧巴。每个人家里都需要一张大桌子，它能够容纳你所有舍不得扔掉的东西，例如那些乱七八糟的家品，还有你希望在朋友面前展示的私人藏品。

方法二　边边角角都可以用来放东西

因为踢脚线的关系，这样的缝隙总是很浪费，其实只要巧妙组合一下多余的空间，就可以把壁纸图片架安装在墙上或者柜子后面，留出的空隙可以用来放包装纸或者保鲜膜。

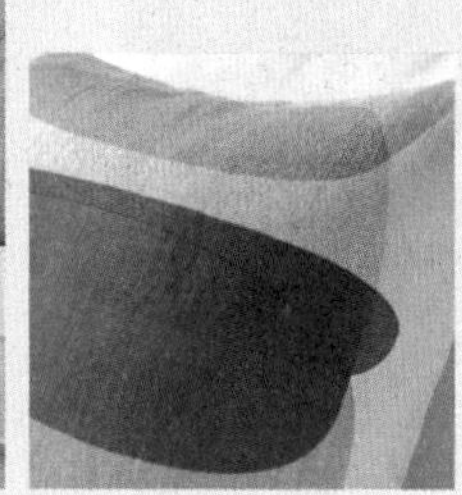

方法三　东西瘦身以后，空间自然就变大了

你有没有再回到过儿时的小学或者中学？记忆中那个 800 米操场怎么突然变得那么小？其实，这样的错觉也可以用在家里面。家里的东西怎么都觉得不够用，春夏秋冬面料不同，逼得我们储备了好多衣物。主要是因为它们既温暖又便宜，完全没有拒绝的理由。所以如果你家里的抱枕、靠垫也越堆越多，那是时候好好收拾一下了。

按照季节将它们归类，收纳的方式可以用真空袋，因为大多数靠枕的蓬松度取决于空气的进入量，抽空以后，它们就瘦身了，方便集合整理。当然，这么舒服的抱枕如果能够组合拼接成厅里的坐垫，就更可以充分利用了。

网友春妮儿的小心思：房子太小，不喜欢家人买的东西，干脆一厅两用好啦。

方法一　利用沙发靠背区分客厅空间

客厅里，家人的东西混在一起，有时候看了难免觉得心烦，总希望能够有自己独立休息的区域。不经过家人允许扔掉对方的东西，肯定是家庭关系的大忌，沙发靠背肩并肩就是一个不错的选择，同一个客厅中，彼此独立但又相互依存，最适合小户型的居住模式，让你的居住变得轻松，再不用时时刻刻督促对方“断舍离”！

方法二　启动全家扩展模式，一起清理不需要的东西

东西堆得到处都是，这时候，你需要把家当作一个平面展开，打破居室功能的限制，充分挖掘每一个空间中物品的共性。每个月抽一个周末将它们重新打开、整理。问问自己是不是还要继续使用，连续 12 个月不打开的箱子，就可以直接送人。它们既不是你生活的必需品，还会成为小户型里的负担，这不是“断舍离”，而是自我生活的优化与迭代。

令 Angel 纠结的“断舍离”：
我很舍不得扔我的首饰，哪怕路边10元钱买的戒指，而且我经常买耳环、戒指，各种首饰堆得到处都是。如果有一些办法可以很好地处理我的首饰就好了，因为上班和参加聚会，还有周末逛街、去参加补习班等，每一个场合都需要搭配不同的首饰，所以我真的很伤脑筋。

方法一　格子收纳法

把不同的首饰按照对应的大小放在格子里，在放进去之前首先归类一下，按照不同首饰的材质、贵重程度，当然最重要的是所佩戴的场合。

方法二　抽屉收纳法

小户型通常很难有空间专门开辟衣帽间，所以在客厅的组合柜里选择一个小抽屉可以很好地解决这个问题。

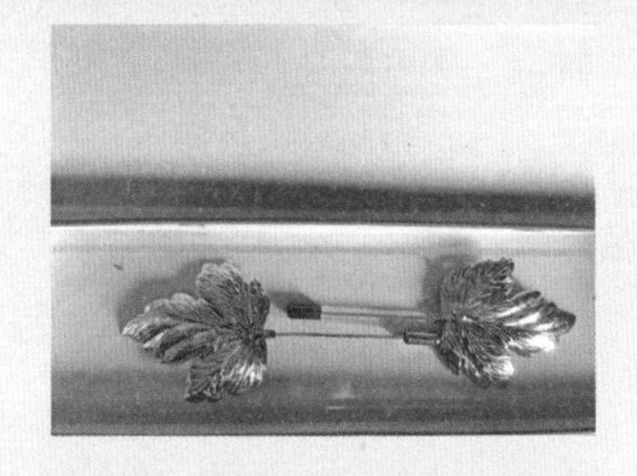

方法三　文具盒收纳法

如果你的首饰并不十分贵重，而且还有一些舍不得扔掉，建议你用文具盒来收纳，打开小盒子一目了然。文具盒比较适合放单一首饰，比如胸针一类的。

方法四　装饰品收纳法

利用装饰品的弧度造型，可以自然收纳自己的装饰戒指，因为装饰戒指没有那么娇贵，放在外面也不容易被氧化，还能一起装饰客厅空间。

令 Vivian 纠结的“断舍离”：
看过的报纸杂志，我真的很舍不得扔掉，总觉得什么时候还会想要翻开来找。曾经就是因为找一本杂志的创刊号在网上搜索了一周多，所以我家里会堆很多的旧杂志、旧报纸舍不得扔，更希望在日常生活中它们可以多一些用处。

打包带使用收纳法

相信每个人家里都会有打包带，将打包带按照十字交叉的方式将需要储存、暂时不用阅读的报纸杂志收集到一起，这样屋子就不会显得凌乱了。打包带捆好的旧报纸杂志还可以用作后现代风的座椅，很多艺术家的家里都是这样的。最方便的当然是有朝一日，你突然不想要了，直接捆一下就可以卖掉或者捐献出去，相当方便。

盘点“断舍离”的核心及精髓

找到和自己匹配的物品，从而建立适合自己的生活方式。

断

决断力，下决心要调整自己的生活状态。

觉察到自己过往生活中的“腐败”行为，廉价的锅碗瓢盆、打折时疯狂囤积的货物，还有那些完全没有生活质量的日用品……

判断自己过往的生活中，哪些物品是没有产生过价值的，将这些没有产生价值的物品从自己的生活中隔离开。

（1）断掉捡便宜、大囤货的念想，家不是垃圾堆，身体也不是垃圾桶。

（2）断掉凑合过日子的念想，对每件物品精挑细选，不让低廉物品进入家里。

（3）断掉逃避现实的念想，停止忙碌，安心地待在家里，享受居家时光。

（4）断掉执着过去的念想，扔掉那些只属于过去的东西。

（5）断掉担忧未来的念想，不为未来的生活而担心，不过分储备日用品。

（6）断掉用杂物占空间的念想，哪怕多一些留白。

舍

越想得到什么，越要舍去什么。

越想得到舒心、愉悦，就越要舍去那份内心的执着。

没有人能够控制别人的心智，也没有人能够夺走别人身体的能量，一切都在自己的掌控之中，关键在于你生活在哪个层次。

如果说“断”还处于意识的层次，那么“舍”就已经到了行动的层面。

（1）舍去长期不使用的物品，比如 3 个月或者一年，有期限就有可能性。

（2）舍去那些带给自己不快乐的念头和物品，甚至是人，直接扔到垃圾桶里面，不要回头。

（3）舍去不健康的生活方式，学着微笑并且努力让自己运动起来。

（4）舍去成长中的偏差，随时随地地调整自己的情绪，尽可能地保持愉悦的心境。

（5）舍去拖累自己的职业资源，比如必须靠喝酒才能获得的价值。

（6）舍去很久都想不起来的电话号码，也许那个人已经不复存在了。

离

活着就是不断离别的过程。

每次面对自己舍不得丢弃的物品的时候，对它们心存感恩，回忆那些和它们一起走过的日子，肯定它们在自己生命中的价值，并对它们说声谢谢。人想要走得更远，必须要学会分离，每一次分离，都是为了轻装上阵。

（1）远离那些已经勾不起兴趣的物品，让家时时刻刻保持新鲜的感觉。

（2）远离那些让你变得迟钝和懒惰的家具，让家分分秒秒都灵活易居。

（3）远离那些渴望占有的欲望，让家变成一个物品流动的中转站。

（4）远离那些迷乱心境的杂物，让留在家里的每一个物品不断提升自己。

（5）远离那些拥有巨大感染力的旧东西，让家往前看。

（6）远离那些岁月留下的生长痛，让家里的每一处都健康自然。

逆袭，组合沙发新玩法

一人一沙发，
颠覆传统的客厅模式，
采用兼顾家人、面面俱到的全新沙发组合方式。

网友妮子的烦恼：公公婆婆拿钱买了房子，隔三岔五就想来住一住，每次坐在客厅都是大眼瞪小眼，聊个微信都好像被监视一样。

客厅再小也能轻松拥有私密处

1. 最简单的隐私保护方法

再不用担心婆婆在旁偷看自己聊微信，也不用为看小说而躲躲闪闪，即便全家人共聚客厅，每个人也能有自己的空间。背靠背的沙发摆放方式不仅节省空间，而且还能够最大限度地保护隐私，让你轻松坐下来。

2. 你还可以这样聚合客厅

不只你在考虑这个问题，客厅的聚合方式正在为越来越多的设计师们所思考。既要节省空间，又要坐得舒服，不仅是身体舒服，心理还要感觉到安全。为什么在家里待不下去？一定有一些原因。一直靠墙放的沙发，这一次用背靠背来焕发生机，你和他如此之近，但因为制造的距离而变得有趣。看似麻烦，却产生出别样情感。

网友婷婷狂吐槽：看吧，我的房子不大，但客厅占了1/3，吃喝拉撒全在这里，真想好好规划一下，最不喜欢那种“沙发＋电视柜”的老土样子了。

客厅再小也能玩得自由自在

1. 如何有效拆分客厅的“超大玩具”

一套组合沙发，对于小户型来说就是“庞然大物”了，比较经济实用的方式是进行拆分，客厅、书房、卧室……甚至厨房和玄关都可以考虑进来。这些沙发的组合方式可根据当下的心情随意调节。你会发现沙发成了客厅里面最大的玩具，就好像拼图、积木一样，任意拆合，乐在其中。

2. 盘点那些我们看惯了的沙发

不就是买回来摆到客厅吗？面积太小，靠墙放最节省空间，能够选择方形绝对不要圆形……我们有太多的规则来束缚小户型的选择。其实我们的内心有很多的渴望，希望自由地决定自己的居住环境。即便占地、浪费空间，即便越放越挤，依然可以“我的地盘我做主”。所以，下面只是把看惯了的沙发摆出来，你想怎么用都可以。

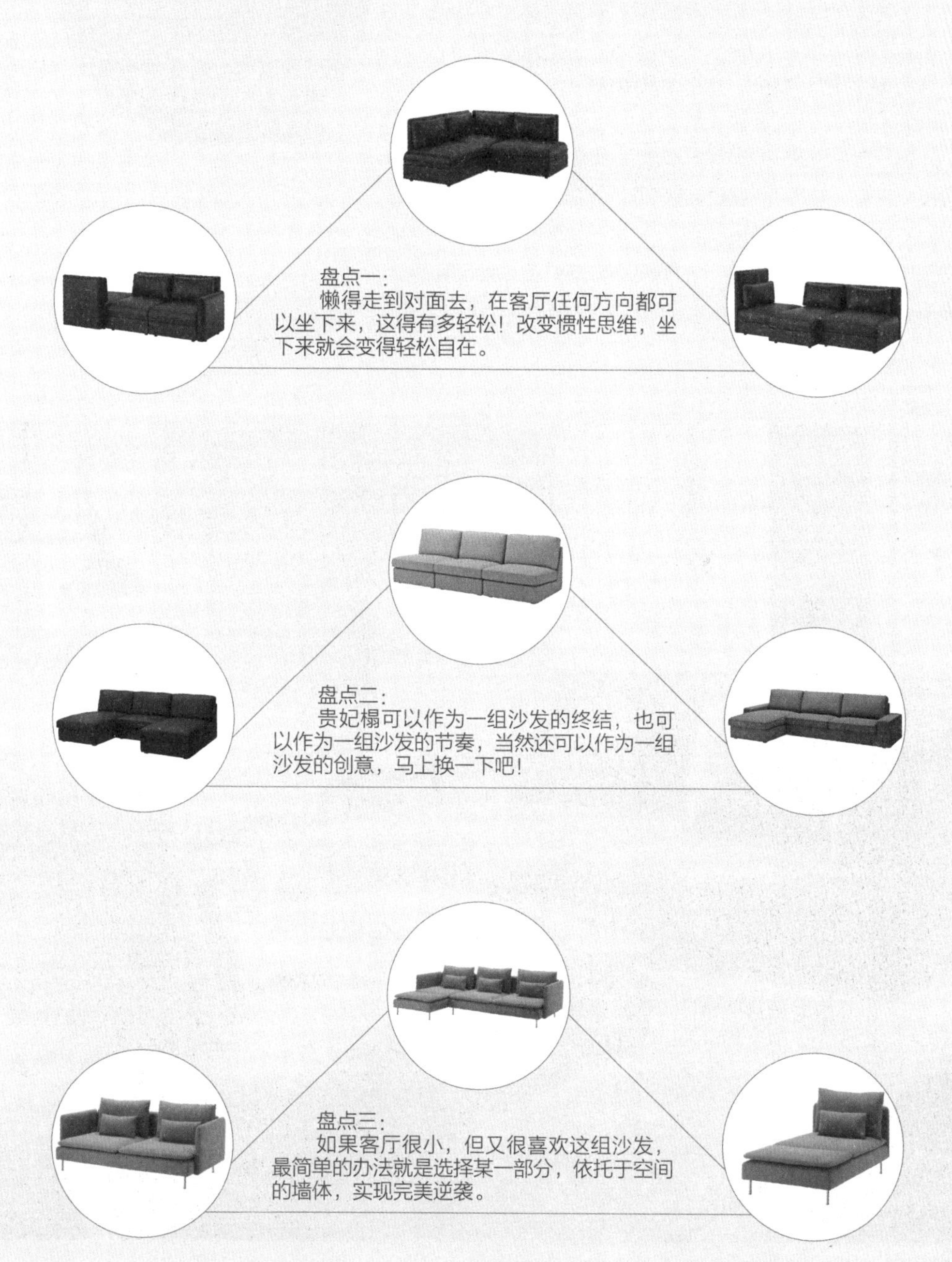

网友嘉忆的趣味玩法：我是比较随意的人，喜欢把客厅变来变去的，其实我觉得沙发在客厅里真的有很多的可能性，不信的话，你看看下面！

寻找客厅“任性”的四重可能性

客厅的中心区域可以想怎么放就怎么放，没有专门的定律。越是小户型，越需要将周围的区域划分出来，作为收纳也好，作为行动路径也罢，在客厅里，沙发模块变得非常灵活，任何一组都可以随意拼接。这个时候需要注意补光，照顾到每个沙发所处的光源区域，必要的时候可以在沙发背后添置台灯。

1. 适宜放松自我的客厅

每个人都可以在密集的客厅沙发中找到自己喜欢的位置，把所有沙发背靠背摆放，每个坐在沙发上的人都能享受自己的活动空间，可以看书、聊微信、戴上耳机听音乐……只要不发出声音，家人可以“为所欲为”。

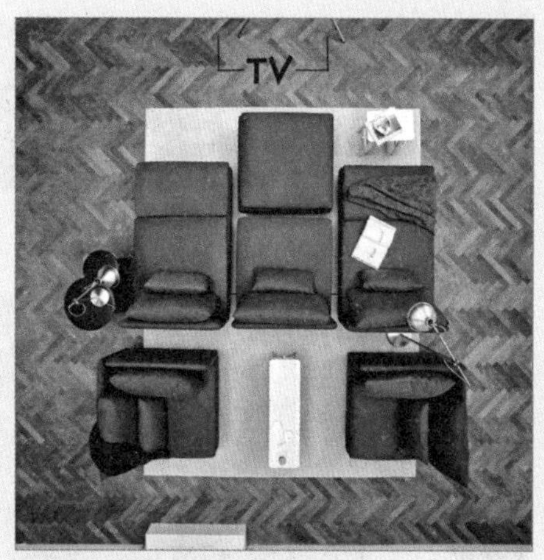

2. 适宜喝下午茶的客厅

改变转角沙发的位置，就可以把沙发区域分割成一个小型的优雅空间，而前面的一张沙发可以用来放松，躺下来好好睡个午觉也是不错的选择。

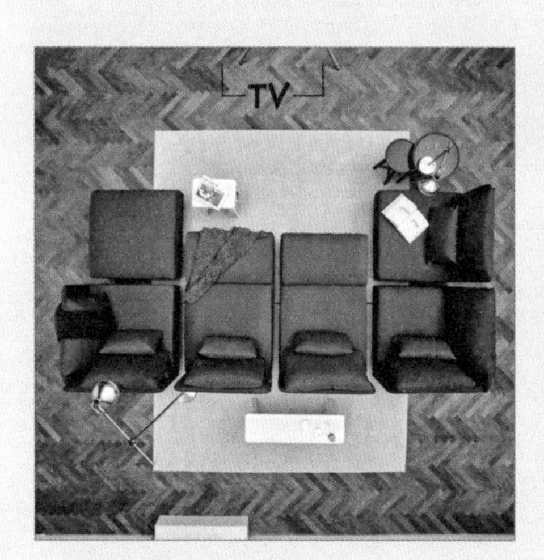

3. 适宜过节的客厅

2 个贵妃椅、2 个转角座椅、1 个单人座椅和 1 个矮凳……这样的搭配非常适合过节。生日聚会的时候，一大群人围坐在电视机前，是不是让你想起了极富人情味的年代？

4. 适宜开家庭会的客厅

每个家庭都会有需要一起商量事情的时候，讨论一下当前家里面临的问题，确定孩子什么时候上补习班，以及全家的出行计划等。同样的几款沙发，这样摆放最具互动性效果。

迷你小厅巧妙玩转层叠手法

如果家的空间不大，就更没有客厅的位置了，迷你小厅虽然只有几平方米，但利用不同的层叠装饰手法，同样能够提升潮流指数。不同面料的有机摆放，使家变得更加温暖舒适。而立体的层叠手法，还能解决小房子里的大问题。

闺蜜婷婷的小心事：我不喜欢千篇一律的设计，可是自己又没有什么灵感，有没有什么好办法呢？

利用平面层叠打造时尚空间

1. 高调、有品位的效果

这种装饰法适合追求生活品质的人，他们非常在意自己身体的感受。纯棉的面料透气柔软；乳胶地毯则由 100% 聚酯纤维制作而成，既防滑，也易于固定在原位；厚实的地毯让人倍感舒适和温暖；羊皮与牛皮的地毯能够更好地呵护皮肤；选用高鞣制技术的纯天然动物皮的地毯会提升触感；而麻质的地毯因其粗糙的表面带来原始而生态的感觉。不仅是面料，通过不同的织法也会带来不同的触感体验。早期教育专家表示，通过不同触觉的刺激能够让人深度放松，平衡焦躁和高压的情绪。

2. 成熟稳重的效果

S 形的线条比直线更能让人产生延续感，丰富空间的曲线会更显优雅；而花形、纹样重复出现能够更直观地产生聚合效用，很好地区分了大空间中的小层次。

3. 一毯两用的效果

同一张地毯，不同的两面交替使用，营造出不同的视觉效果，同时还延长了使用寿命，这也会是孩子们的游戏区域。铺在地面上，怎么翻都觉得乐趣横生。

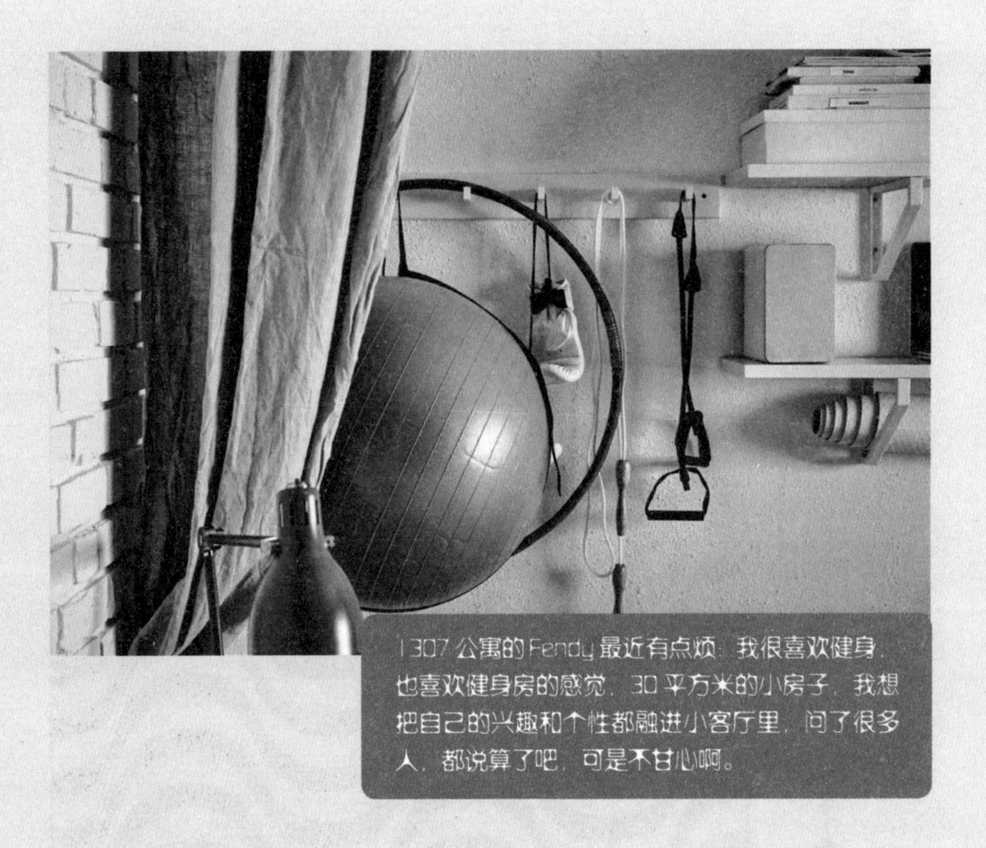

1307 公寓的 Fendy 最近有点烦：我很喜欢健身，也喜欢健身房的感觉，30 平方米的小房子，我想把自己的兴趣和个性都融进小客厅里，问了很多人，都说算了吧，可是不甘心啊。

利用空间层叠体现个性

对于小户型来说，每一个角落都需要充分利用，壁挂是最简单的层叠装饰手法，所有的健身用品都可以通过壁挂的方式来完成，两个行李箱大小的面积怎么能变成一个健身房呢？没开玩笑，拉开窗帘，开始健身吧！

设计师Linda有很多乱七八糟的东西：因为工作的关系，我有很多零零碎碎的小东西，绘画笔、透明胶、装订器、麻绳、夹子……这些小东西我都很喜欢啊，不仅工作的时候用，休闲的时候还会做手作，想要把这些零碎的东西统统收纳起来真的是很不容易哦。

按照立体层叠，换个角度更利于收纳

在进行层叠式收纳时，最好能够提前将物品进行分类，这样就能准确地估算出每一个收纳层里的物品数量和品种。避免随性而入，想起放什么就放什么，否则，你的抽屉、架子等收纳工具会像垃圾一样凌乱不堪。

按需选择层叠收纳小帮手

想要实现层叠收纳，没有帮手是完不成的，可以按照不同需要选择收纳小帮手。当然，也可以根据自己的生活习惯，进行重新规划和安排，但不论怎么样，只要有了它们，你就能够在家里实现功能性的层叠装饰。

眼镜达人首选

约长 6.7 厘米 × 宽 17.5 厘米 × 高 25 厘米的 4 层抽屉，最适合眼镜达人。在确定之前，首先数一数自己眼镜的数量，可以一组放墨镜，一组放装饰镜，一组放近视镜。

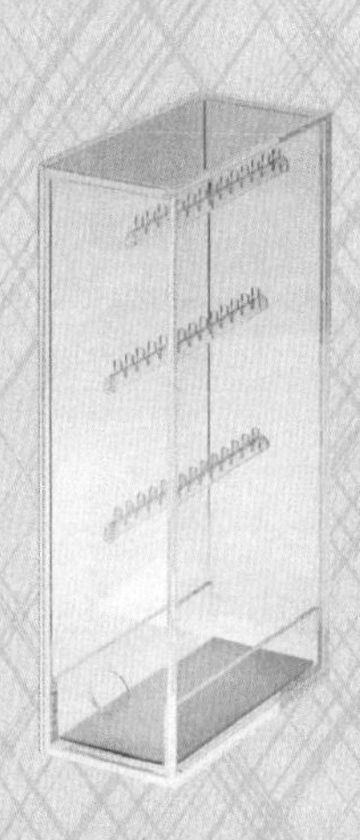

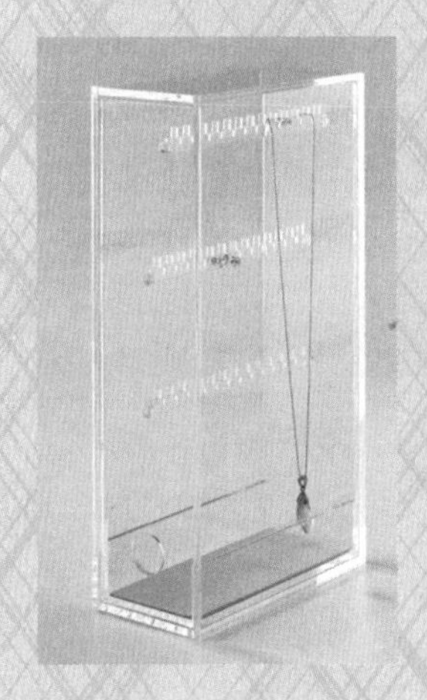

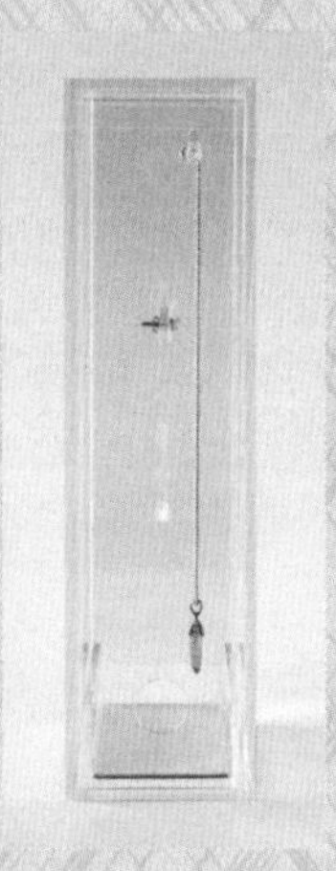

白领丽人的首选

把首饰挂在这个小盒子里面，就好像让它们得到了精心照顾一样，也令其增色不少。每一层相叠而挂，约长 6.7 厘米 × 宽 13 厘米 × 高 25 厘米，可以悬挂项链、耳环。

白领丽人的升级选择

相比较挂放，平放的首饰会显得更加珍贵，金、银、翡翠、珍珠等昂贵的首饰适用于这样的收纳。这类收纳分隔栏采用了天鹅绒的材质，不仅手感舒适，而且还能够温柔地保护你的珍宝。

音乐发烧友首选

这是专门用来放 CD 的盒子，拥有透明的材质，每一个约长 17.5 厘米 × 宽 13 厘米 × 高 14 厘米的小盒子大概能放下 16 张 CD。如果你有更多的需要，可以将此类小盒层叠使用。

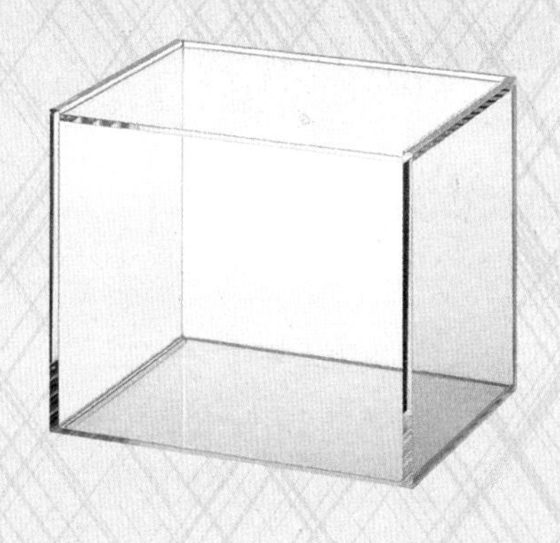

小商品网购狂首选

在分好的层中，再一次进行分层，精细化的细分，再加上标准化的塑料抽屉式储物盒，最适合喜欢小商品的网购狂了。每一层都可以放很多小玩意儿，最多可以层叠 13 层，非常实用。

层叠装饰的最佳色彩组合推荐

摩卡与茶

这样的色彩组合让人最放松，小到 2 平方米的空间都可以派上用场。

焦糖与奶

利用强对比，把视线完全锁定，这样的色彩组合最适合个性与众不同的人。

什么时候用层叠装饰？

改变心情的时候

层叠装饰能够开发人的大脑潜能，所以当你心情不好的时候，利用层叠装饰可以唤醒不一样的心理情绪。

家里有孩子的时候

孩子们会比成年人更需要层叠装饰，因为父母用心设计的层叠装饰，能够对孩子的脑细胞发育产生促进作用。相比较平滑的表面，粗糙和富有自然感觉的层叠装饰，能够让孩子的童年充满乐趣。

感到孤独的时候

人会周期性地发生情绪变化，而孤独感从始至终伴随着我们。当你从喧嚣的室外回到家里，层叠装饰能够让你继续保持兴致高昂，通过触摸，你会感觉到自己被呵护和关怀。

层叠装饰的 3 种平面组合方式

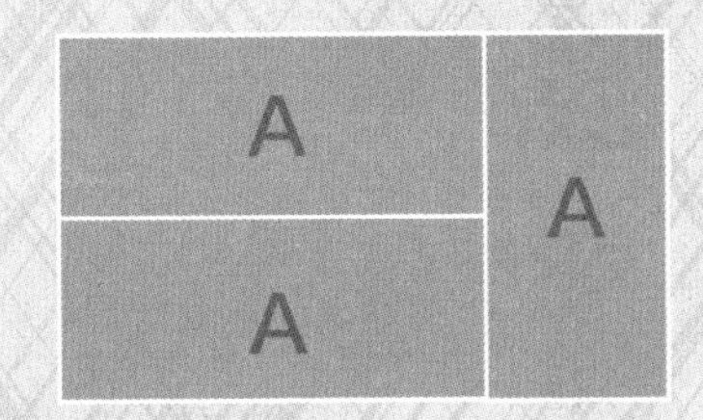

组合方式一　A+A+A

A 是一张长方形的地毯，选择 3 张同样大小的地毯进行紧密无缝组合，在衔接处要利用客厅的家具将其固定。这个组合的优势是空间的整体划分非常明确。

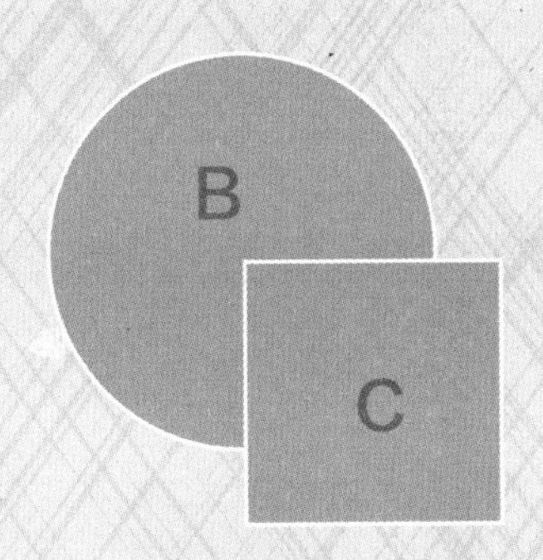

组合方式二　B+C

圆形地毯 B 与正方形地毯 C 层叠摆放，比较适合小空间，在交接处摆放一把扶手椅，这样既可以规划出扶手椅的独立位置，同时也可以用圆形地毯区分进入的区域。

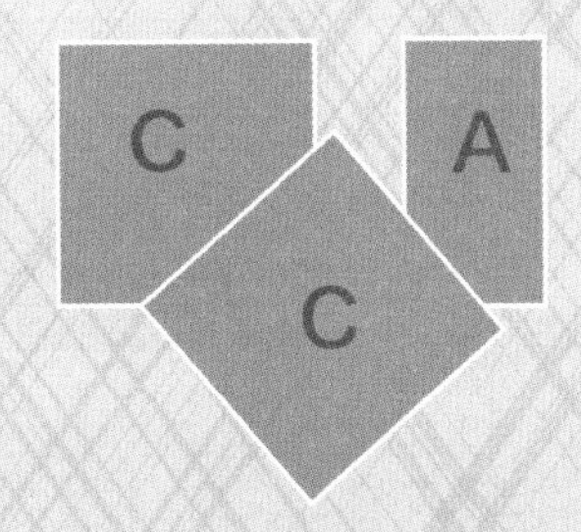

组合方式三　C+C+ A

这种组合方式比较随意，组合层叠角度不一定都用 90 度，选择 45 度或者 30 度都可以让空间鲜活起来。

瑜伽会会员丁丁的养生居：练习瑜伽以后，饮食习惯有很大的改变，对居住空间要求也越来越高，低热量、轻盈质感，最好还可以分解脂肪……所以我特别想知道如何让家多一些温暖的感受。

用轻色变幻小体积

黑色的物品要比白色的看上去重 1.8 倍，加入白色的色彩组合会比高饱和度色彩更清爽。

不同轻绿色的多重清新组合

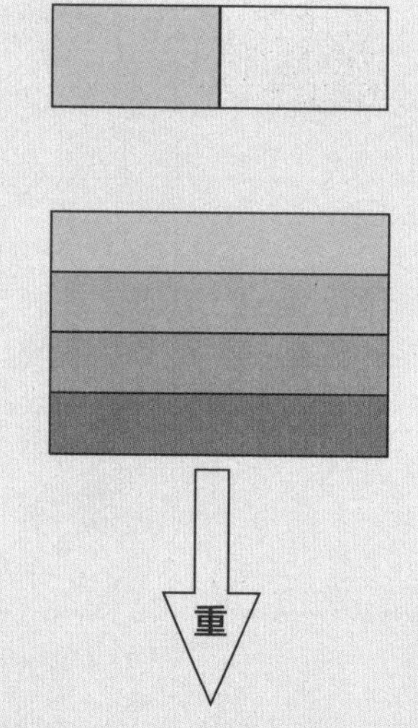

1. 如何把家设计成巴黎水香槟绿瓶

巴黎水用独有的香槟绿瓶打造出高贵而时尚的感觉，这样的装饰效果如果应用在室内设计中将收获非凡。当我们不得不用一整面墙为小空间的收纳做出贡献的时候，利用白色调剂整体的色彩能够让你的“好色”指数降低，同时带来轻视觉的效果。

不论与哪种色彩进行搭配，白色永远能够充当冷静的温和剂，加入白色以后，即使是高浓度的色彩都可以瞬间变得温顺，随之带来的空间的轻盈质感更是不言而喻。

加入白色还能够为客厅带来高光的效果，当阳光照进来的时候，高光的作用能够把其他浓度的色彩进行稀释，从而让整个空间变得柔和温暖。

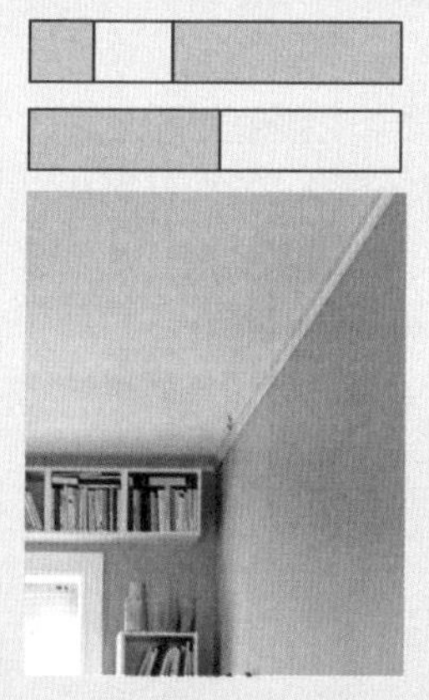

2. 如何用色彩带来后退感

不是单纯地绿色加白色，而是在绿色中先稀释一些白色，调淡之后再与白色进行搭配。小户型最需要往后退的效果，而轻色的选择能够满足你的需求。特别是在墙面的运用上，在空间里最易产生影响力的就是墙面色彩。沐浴在阳光中的轻色最能够带来幸福的感受。值得一提的是在大面积的轻色空间中，重色必不可少，但不可太多，只能作为点缀，以增加居住的安全感。

大学室友 Vicky 的抠门心眼：我可不想再花钱来“折腾”这个家，有这个工夫还不如多攒点钱，以后换个大房子。话又说回来，如果不重新装修，有没有更省钱的小妙招呢？

3. 利用对比，体验轻色与重色的心理效果

在绿色里加入黑色，这样绿色就变得更重，这样的小技巧特别适合深绿色软装的家庭。如果你刚刚发现轻色对小户型的巨大作用，但是又舍不得重新装修，比较好的办法就是利用对比效果。当你有一张深绿色的地毯时，最好的办法就是加入比它的颜色更深的家具，例如黑色的小方桌，这样对比就显得地面更加复古轻柔了。

温馨提示：
更多的内容参看第52页“有没有一张地毯，让你挑起来很费劲”

测试更多绿色效果，轻重配色方案的体积感

体积感包裹温暖型

加入灰度的绿色少了几分清新锐气，多了一些包容。该颜色的地毯比较适合简约设计的小客厅，也是懒人们的首选，因为灰蒙蒙的，即使脏了也不易看出来。

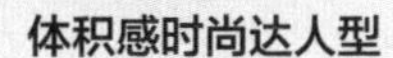

体积感时尚达人型

不一定有舒服的触感，但这样的编织和配色方式，适合迷你精致的居所，平面流苏的感觉也会变得很时尚。

体积感踏实安全型

不是单纯的泥土色，也没有过分的炫目感，将芥末绿与泥土色搭配在一起，注定会让小居室变得宁静。这是专为旧物改造准备的软装，轻色、重色都可以协调。

体积感波波可爱型

这样的设计比较适合童心未泯或者有宝宝的家庭，你会发现这些如此可爱的装饰品会让你的生活一点点变好。

沙发套轻重配比游戏

全职主妇叶小艳的烦恼：一个家里有那么多人，到底该听谁的啊？房子不大，意见不少，这么多的沙发哪一款适合小户型呢？

客厅的主角永远是沙发，当你为沙发选择了轻色的“外套”，整个客厅都会因此而清新雅致。特别是小户型客厅，一定要避免重色，重色往往有明显的倾向性，而轻色则比较随意放松，适用于任何格调。改变颜色就能改变体积和重量感，下面给大家举更多的例子。

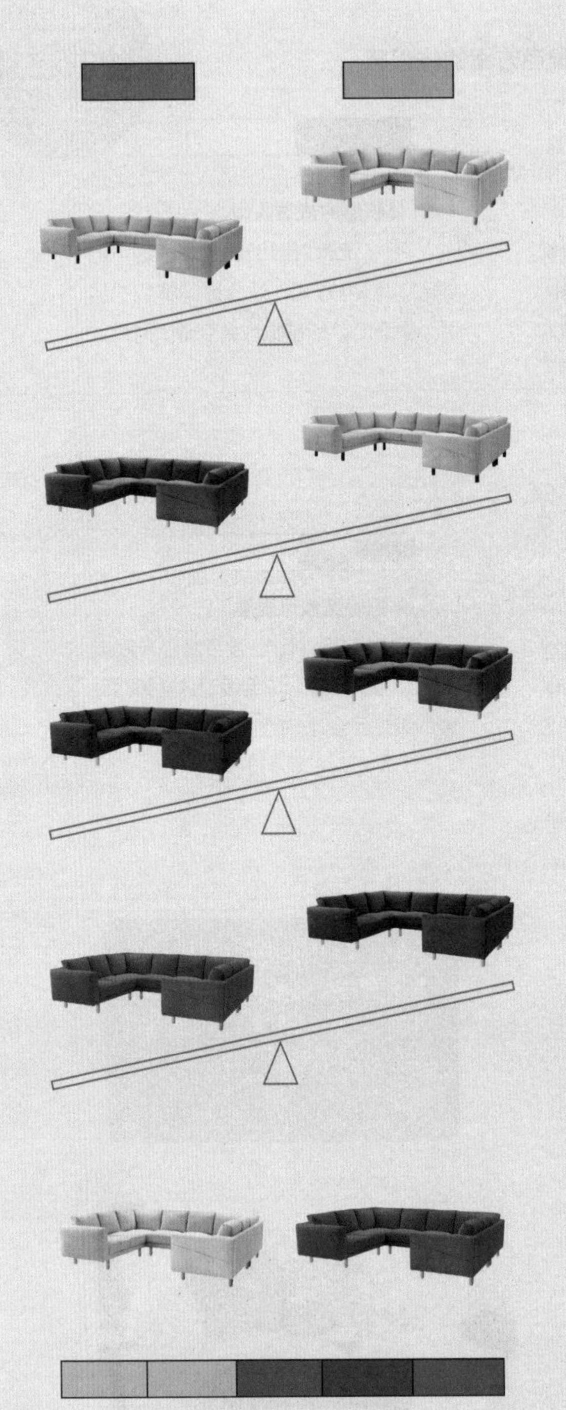

小结: 从白色、浅蓝色、深灰色、深蓝色到红色，同样一款 8 人 U 形沙发，却带来完全不同的视觉效果。小户型的首选是白色；如果希望有点调性可以调整为浅蓝色；假如家里有孩子，担心沙发不耐脏，可以用深灰色……深蓝色的沙发不适合小户型，特别不适合白墙的小户型；红色会让空间顿时活跃，但也有局促的风险。任何一种颜色都有一个突破点，那就是居住者的喜好，如果你喜欢，什么也挡不住。

轻重色搭配的重要原则

1. 高轻低重

放在高处的储物盒因为不方便拿取，适宜放轻巧的物品，而重一些的东西适合放在低矮的位置。这个逻辑同样适用于颜色的选择。放在高处的储物盒最好选择轻色，这样不会对房间产生压力。而放在低处的储物盒最好选择重色，能够让居住者更加踏实。

2. 使用 70% 的轻色

轻色的最大作用是容易让人从视觉上忽略，将家具和相关物品的存在感减到最弱。因此，在小户型中，建议大面积使用和谐的轻色。轻色在整体使用上占 70% 以上，小户型在视觉上会变大 1/3，与此同时，依旧需要与重色搭配使用，让空间更加舒适。

内容经理吕月的愿望：我终于在上海有了自己的房子，虽然只有 70 平方米，但也算安家了。我喜欢干净整洁的家，虽然一有空就收拾，但客厅、玄关还是时不时地就乱了，有没有什么办法可以让我的小客厅更加精致整洁呢？

3. 轻色也能分层次

利用高低落差可以轻松地将同样的轻色进行层次的区分，不仅如此，轻色还能让小空间更加井然有序，这正是小户型居住者最想要找到的感觉。巧妙利用色彩和高低的落差就能够将空间变得秩序井然。

市场主管Susuan的烦恼：轻色固然漂亮，但是如何解决清洁问题呢？家里怎样才能经久耐住呢？

4. 轻色搭配如何抗污染

在轻色设计中，面料、材质，以及涂料的选择非常重要，而且对于主人的生活习性要求极高。建议大家选择棉麻加化纤的面料，化纤能够增加抗污性，不容易留下污渍印记。而墙面涂料可选择防水、耐擦洗的。家中最好常备吸尘器，避免灰尘堆积；特别是灯罩清理，用迷你吸尘器最方便。

什么是轻色

轻色相比较重色而言，有比较形象的色彩感受力。用色彩专业术语来解释：轻色是明度较高的颜色，给人一种比较轻的感觉。同一种纯度的颜色会有不同的明度，而明度可以决定色彩的轻重。色彩搭配的时候，从视觉的角度会让人产生轻重之感，而这种轻重之感主要来自于明度，通常明度高的色彩会给人一种较轻的感觉，而明度低的色彩则给人比较重的感觉。如之前我们看到的同一款沙发，通过不同颜色的沙发套（除了灰色），人们会分别从心理上产生浅蓝色最轻、红色最重的感觉。如果用浅粉红色与深咖啡色进行比较，深咖啡色就会感觉更重。

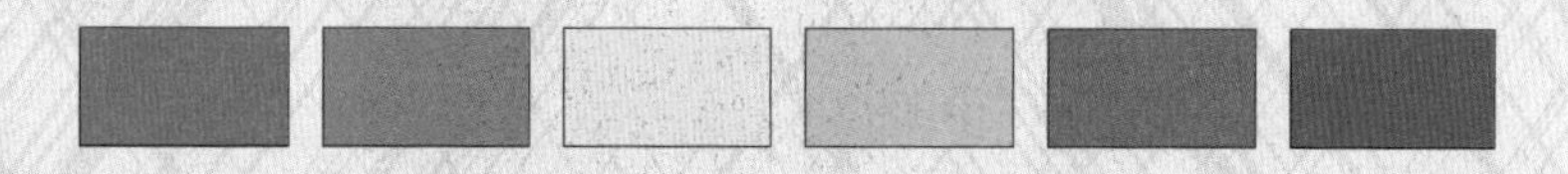

经色彩学专家研究，在红、橙、黄、绿、青、紫等不同的纯色中，纯色有不同的明度，一般情况下可以用纯色明度来决定色相之间的轻重感，只有橙色与绿色例外。

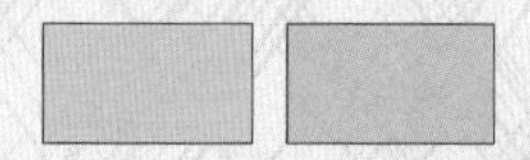

橙色的明度虽比绿色要高，但在感受力上，橙色却比绿色要重一些。

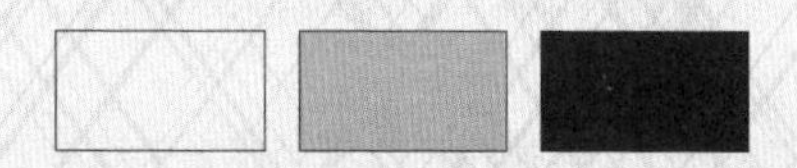

另外，在无彩色系中，白色的明度是最高的，也是最轻的颜色，随着明度的降低，灰色、黑色都有比较重的感觉。

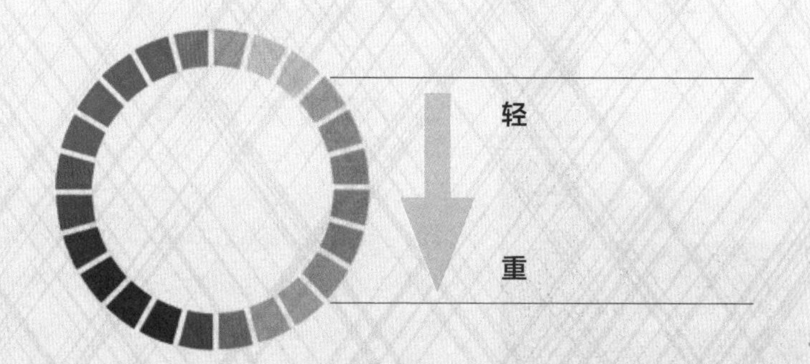

小客厅，小小图书馆

再小，也可以打造一个梦幻的阅读空间。
多种方式挤出一本书的面积。
静下来，温暖而舒适，才能在客厅好好看书。

方法一　挤出小角落

坐在柔软的奶白色羊毛毯上，靠着舒适的多层靠垫，顺手就可以拿到书籍……如果需要保持私密，还可以在头上搭一层轻柔的窗帘。网状的窗帘能让光线流通，同时也能营造独立的空间氛围。

方法二　一物多用

40 ~ 60 厘米的高度可以很方便地坐在上面，而柜子里面可以存放不同的书籍，一物多用是小空间里最经典的设计。在柜子的表面随意摆放几款花样靠垫，这样就可以随时坐下来放松阅读。

方法三　就近取阅

对于“书虫”来说，最靠近书柜的那把椅子就会成为小小图书馆的重要一角。小于 30 厘米的距离最有利于伸手取阅书籍，你可以选择在书柜中摆放杂志或者畅销书。

方法四　挑把好椅子

符合人体工程学的弧度支撑着柔软的椅子，超小图书馆，人在馆在。

方法五　协调书与自然

阅读不要孤立存在，有书就要有阳光，有阳光就要有空气，有空气就要有绿植。丁香、茉莉、玫瑰、紫罗兰、薄荷等植物都可以使人放松、精神愉快。而绿色的沙发会顿时让你坠入翡翠王国之中。

如何挑选一盏适合阅读的灯

客厅里的枝形吊灯，繁复的造型和分散的光源会削弱你阅读的注意力。如果想在客厅的沙发上好好看一本书，最好的方法就是挑一盏自己喜欢的台灯，不用很大，只要能照亮书上的文字即可。

更多客厅阅读照明攻略

适合阅读的灯具，外观设计一定不要太复杂，最好是能够见光不见灯。如果想要好好看书，就要考虑到光源的显色性、色温、光束角以及灯具的安装，包括安装高度、投射角度、安装方式等。想要更专业的数据，可以参考书店的照明，一般阅读区的显色性要达到 Ra ≥ 80 的标准。

挑一盏省电的灯

使用 LED 灯照明能够比普通的白炽灯节省 85% 的电，而且其使用寿命还可以比普通的白炽灯长 20 倍。

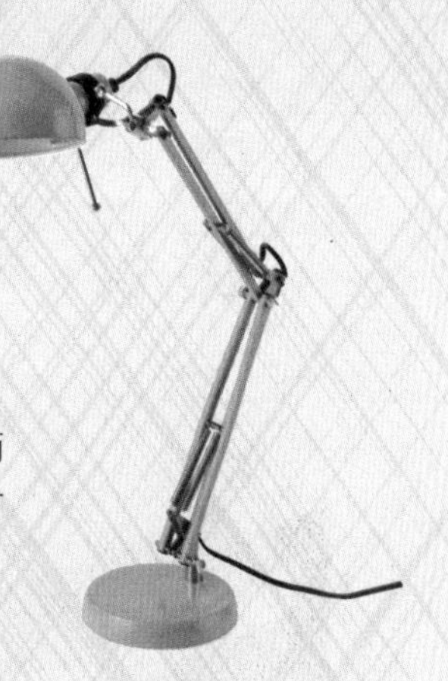

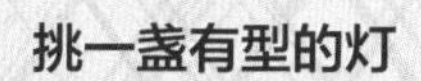

挑一盏有型的灯

有时候我们就是想简单能用就行，最好一盏灯的预算能够在100元以内，稍微有型就好。

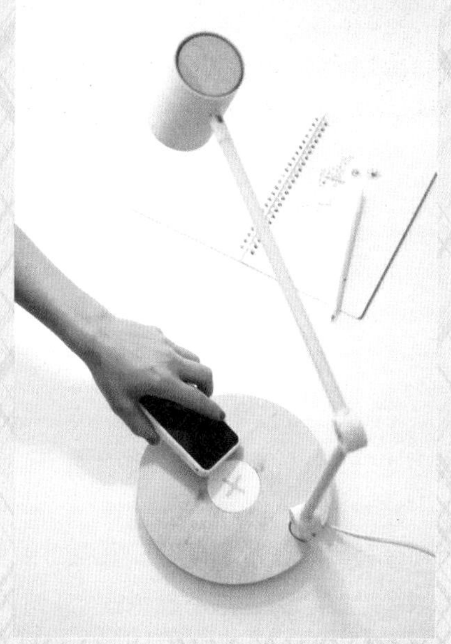

挑一盏智能的灯

房子小，总希望所有的东西能够一物多用，台灯也不例外。瞧，一边看书，还可以一边充电咧！

挑一盏有格调的灯

女生有的时候会希望自己的生活可以活得像偶像剧，特别是韩国偶像剧，所以挑选一盏有格调的灯很有必要。

让你的阅读更高效的 6 种方法

1. 一边阅读一边做笔记

阅读区域不仅要堆满书，最好还能够配备基本的书写装备，比如笔、便签、N 次贴、记号章，等等。

2. 随时保持宁静

在阅读区域设计百叶帘能够随时保持内部空间的宁静，即使在炎热的夏季，也能够享受凉爽而舒适的阅读时光。

3. 做好分类，让阅读更轻松

同一类型的书里面有很多相似的案例，在相关位置贴上标签就能够将书里面的内容进行整理，也能让阅读更轻松。

4. 提高效率，规划阅读区物品

阅读区由于有比较放松的感觉，因此乱七八糟的东西总能轻易占满桌面，所以更需要规划阅读区的物品，小的整理盒会瞬间让物品变得整齐。

5. 书籍要分类，查找更方便

一家人在一起生活，难免会有交叉的兴趣点，想要让阅读区更高效，就要学会将杂志、书籍分类，将养生书、财经书、育儿书、生活方式书、烘焙美食书逐一分开。

6. 边玩边看，劳逸结合，创意无限

想象一下坐在秋千上看书的感觉吧，让阅读变成一种乐趣，就算再疲惫也能够玩得很开心。累了在秋千上荡一荡，让美妙的文字萦绕在自己周围。

如何在狭小的蜗居中打造一个专属自己的能量空间

“书中自有黄金屋”，我们每个人都需要一个自己的能量源，地点的选择并不受限，哪怕是只有几平方米的狭小空间。这是一个可以自己做主的“专属空间”。在疲惫的夜晚，一杯热牛奶会为你的阅读带来无限满足和慰藉。

第一步　不断挖掘自己的兴趣点，让兴趣填满小空间

喜欢看安妮宝贝的书，或者是近藤麻理惠，又或者是村上春树。

喜欢工业风的台灯，又或者是 ART DECO 的光线感觉。

喜欢一边看书一边做笔记，又或者喜欢在书上画一些插画。

喜欢看书的时候喝咖啡，还是茶？或者果汁、牛奶？

……

每个人都有自己的兴趣点，不同的季节、不同的时段、不同的心情，就会有不同的兴趣。不断地挖掘自己的兴趣点，让兴趣填满你的小空间。哪怕堆满超市打折的海报，也会乐在其中。

第二步　不断激发自己的小兴趣，让小空间乐趣无穷

随时随地激发自己的小兴趣，并且不断地更新自己的小兴趣。

每时每刻把小兴趣汇聚在一起，不要让它们散落在小家当中。

经常整理小空间里的物品，把不能产生正能量的书籍尽快处理掉。

一定要让能量空间只属于当下，属于你一个人。

……

专属能量空间是在不断变化的，所以你需要用新鲜的状态来迭代能量空间中的书籍，可能上个月你很喜欢的一本书，读着读着就不喜欢了。也有可能你到巴黎出差突然发现一本自己很喜欢的小册子，一定不要吝啬你的行李箱，把它带回来填饱你的专属能量空间。

第三步　用积极的心态处理空间中的负能量

时局、绯闻、八卦等各种变化都会导致一本书的陨落。

对于期刊，更要注意其时效性，新旧杂志要分开摆放，建议大家可以把新杂志放在客厅的沙发附近，而把旧杂志放到书柜的中下层。由此可以看出，再小的房间也至少要有两个阅读区域，并且定期及时更新书籍。除非是出于资料的收集，否则过期的期刊会成为空间中的负能量。

总之，所有的方法都是为了能够不断地迭代专属的能量空间，养成定期扫除空间负能量的习惯，把过期的杂志、不再看的书籍，还有已经没有用的资料都处理掉。

你的书架旧了吗

你或许没有想过，书架也是有年龄的，书架的年龄取决于上面摆放的书的年龄，有没有避免让书籍堆积得令人窒息的好办法呢？怎样才能够在 10 秒内目测出自己想要的书呢？究竟怎样才是最高效的阅读区呢？如何才能让书架常换常新呢？

方法一　即刻淘汰日

假定每周六为即刻淘汰日，在这一天，你主要的事情就是花 5 分钟的时间（时间长短取决于你的书架的容量）对阅读区书架上的书籍进行略读。

略读的顺序为：封面 + 颜色 + 书脊 + 书名 + 目录 + 开篇 + 封底。

（当然略读的内容可以根据你对于书籍的了解情况进行增减。）

5 秒钟即可决定一本书的去留。

没意思的书 + 不看的书 = 即刻淘汰的书。

快速清理自己阅读区域的负能量元素，迭代全新的生命活力。

方法二　严格定规则

书架上摆放什么书、怎么摆放，严格制定规则能够让大脑形成条件反射。

工具书统一放在第一层，小说放在第二层，专业书籍放在第三层……

每个人都有自己的习惯、职业特征以及生活爱好。

可以统一做如下规定：

（1）去掉所有书的腰封以方便摆放。

（2）在每本书里夹一个书签，便于临时阅读。

（3）严格规定，每买一本新书 = 淘汰一本旧书。

方法三　随时保持整洁

将所有的书籍进行分类整理：

（1）按照颜色、高矮、大小归类，这样能够避免高矮参差不齐或者颜色搭配凌乱。

（2）小书和不经常看的书籍可以放平进行展示。

（3）舍不得扔的旧书，建议可以用最新一期的杂志封面挡住。

（4）散落的文件可以统一放在标准的文件夹中进行收纳。

有没有一张地毯
让你挑起来很费劲

我们一直在费尽心思子寻找一款好地毯，地毯不仅要好看，还要好用、好打扫。

费劲一　逛街逛得眼花缭乱

1. 没想到还有这种操作

一直以为地毯就是自己看上去的样子，从来没有想过地毯的两面会有相同的图案。据说当一面磨损以后，就可以使用另一面，这样不仅能够延长地毯的使用寿命，还能够常换常新。

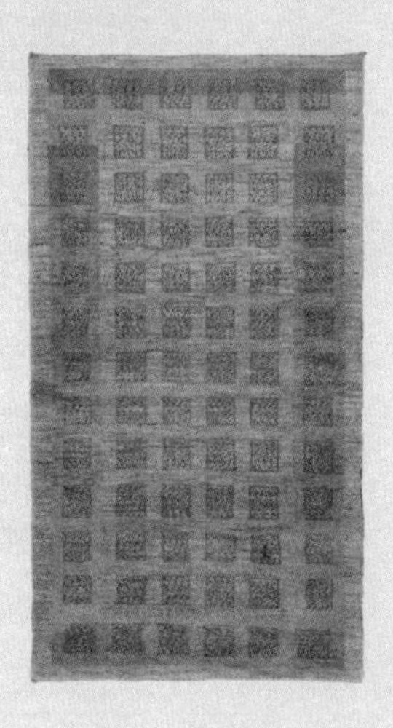

2. 你是喜欢长绒地毯的女孩吗?

长绒的设计让无缝拼接变得更加自然,而人造纤维地毯,会更加耐用防污，并且便于保养。不仅如此，长绒地毯会降低室内空间的噪声，使居住更加舒适。

3. 当你纠结买哪种地毯的时候

当你纠结买哪种地毯的时候，需要认真考虑地毯的实用性，特别是在夏季，这样的清凉不只来自于色彩和图案的特征，更来自于地毯本身的防水设计，让它更便于保养，若地毯变脏，可以擦拭或用水冲洗，然后将其挂起来晾干，非常方便。

费劲二　为什么家里一定要有一张羊毛地毯？

1. 你值得拥有最好的

家里所有的物品都是和自己的身体接触的，选择质量好的物品，这样才能够帮你节省更多的时间和精力去做更重要的事情。羊毛地毯的手感柔和、弹性好、色泽鲜艳，且质地厚实、不易褪色……所有这些优点都会使你的生活空间更加舒适。

2. 每个人都想拥有一个恒温的家

一脚踩上去最真实的不是冰凉的刺激，而是能够托起你全身疲惫的那一片羊毛。羊毛地毯的造价是普通地毯的 10 倍左右，一张普通的羊毛地毯价格在 1000 元左右。好的羊毛地毯还能调节室内的干湿度，具有一定的阻燃性能。

质量低劣的羊毛地毯吸声能力很差，热量容易散失，还很容易发霉或被虫蛀。如果你因为羊毛地毯的造价望而却步，建议先从使用小块羊毛地毯进行局部铺设开始，一点点地感受家的变化。

3.10 年，一个家的保鲜期

羊毛地毯有很多好处，因为是天然质地，所以更需要好好清洁。通常情况下，羊毛地毯需要 3 天吸一次灰尘。保养方法得当的话，一张羊毛地毯可以陪伴你和家人度过 10 年的美好时光。

羊毛纤维能够吸收空气中的污染物和有害气体，净化室内空气，有利于居住者的健康。在羊毛地毯的整个使用期，它都不间断地过滤着室内空气污染物。

实在不想花那么多钱去买一张地毯怎么办

1. 有没有价格便宜些的地毯

我们都很喜欢天然的质地，然而天然的面料往往会价格太贵、面料娇贵。这里推荐大家用黄麻地毯，黄麻是一年生草本植物，喜温暖湿润的气候，别名火麻、绿麻、络麻，是一种长而柔软的、有光泽的植物纤维，可以织成高强度的、粗糙的细丝。虽然黄麻纤维是最廉价的天然纤维之一，但是它却具有吸湿性能好、散失水分快等特点。

2. 除了黄麻，可不可以多推荐一些

一般黄麻地毯的价格在 400 元左右，基本上是羊毛地毯价格的 1/3。如果你觉得这个价格还贵，也可以考虑剑麻。剑麻是一种取自龙舌兰植物的天然纤维，采用剑麻制成的地毯依旧结实耐用。为了降低成本，地毯的边缘可以选择聚酯纤维材料，让这款毯子更坚韧耐用。

淘气女生李婷婷的烦恼：我家的小阳台总是堆满乱七八糟的杂物，其实我很向往那种可以在阳台上享受时光的生活，有没有什么好办法啊？

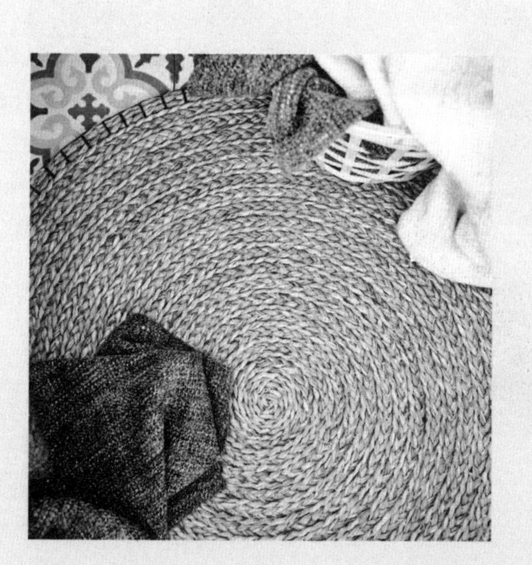

3.DIY 一个蜜月阳台

DIY 阳台最重要的是确定空间的中心，可以自己编织或者缝制阳台生态小地毯，一切变得既经济实惠，又相当简单，最重要的是每一处景致都独一无二。将自制地毯与用旧的毛毯搭配，营造一个冬日里的蜜月温暖阳台。

关于地毯的这些小常识，你知道多少呢？

如果你感觉自己居室的地面触感比较冰冷，那么建议在局部区域采用地毯或者榻榻米等多种材质进行改善，为地面制造出丰富的材质触感。众所周知，自然素材可以有效地提升视觉和脚部触感的温度。

地毯拥有丰富的材质，如羊毛、尼龙、聚酯纤维、黄麻、椰丝、海草等。选择什么样的地毯首先取决于空间的布置和耐污的程度。

要点一：日常如何打扫地毯？

每一张地毯都有自己的纹理，即使没有任何的图案也有编织的方向。在清洁的时候一定要按照编织的不同方向，横竖交错着进行吸尘，不要只按照一个方向移动，这样就可以彻底吸除沾在地毯纤维上的灰尘了。

要点二：平时如何巧用吸尘器？

在重复进行地毯吸尘的时候，可以将旧的长筒袜剪开，套在 T 形吸尘器吸头上，这样每次清洁理毕后就可以通过更换长筒袜套来保证吸头的清洁，既干净卫生，又便于操作。

要点三：大扫除的时候，如何彻底清洁不同的地毯？

彻底清洁地毯的方法分为两种，一种是水洗，一种是干洗。

水洗适用于化纤地毯，需要准备地毯刷、喷雾器、吸水机、地毯清洗剂。第一步，用吸尘器或者扫帚扫去灰尘。第二步，将清洗剂稀释，洒在地毯上。第三步，等 10 ~ 15 分钟之后，再用水冲洗。可以用吸水机吸净地毯，也可用吹风机吹。

干洗适用于纯毛地毯，首先用吸尘器或者扫帚扫去灰尘，然后用专用的清洁剂对局部污渍进行处理，接着稀释高泡清洁剂。在清洗的时候，可以用比较大的梳子梳洗地毯。待地毯干了之后，用吸尘器或者干净的扫帚再清理一下。

要点四：地毯上不同的污渍应该如何区别应对？

首先将面粉、精盐、滑石粉用水调和后，加入白酒，混合后加热，调成糊状，冷却后，把糊状物切成小块撒在地毯上，用干刷子刷。然后再将扫帚浸泡肥皂水（尽量不要沾太多水），在地毯上扫一遍，扫之前撒一些盐，盐能够吸附灰尘。

（1）针对食用油污渍：清洁剂不能洗净的，可以用酒精清洗。

（2）针对果汁污渍：可以用柠檬酸或者肥皂清洗，用酒精也可以。

（3）针对咖啡、茶污渍：可以用甘油液清洗。

（4）针对冰淇淋污渍：可以用汽油擦拭。

租了一个新仓库当家的艺术家Alex：最近有点烦，因为买不起大房子，但又需要有足够的空间放我的作品，所以就租了一个130平方米的仓库当家。四面墙光秃秃的，真希望能够有一些创意可以带给我灵感。虽然我是艺术家，但对于家居装饰，还是一窍不通。

墙上有料，面面俱到

线条在墙面延伸，
色彩在柜体之间穿梭，
奇思妙想堆砌出装饰格调。

涂鸦装饰法

1. 如何打造有格调的涂鸦墙

寻找一面空白墙，最好前面放一个柜子或者1米高的书柜，让墙面变得立体起来。柜子上面还可以随意摆放一些物品，所有凌乱的细节都是生活的体现。

你可以动脑去构思一个非平面的创作场景，如卡通造型，或者写意图案。如果没有足够的想象力，临摹也是不错的办法。临摹的时候，勾线会让你后面的工作变得简单。

从环保的角度考虑，水彩画的颜料不会有那么大的味道，但色彩的饱和度会受到影响。

最后要有一个收线，以提亮视线。

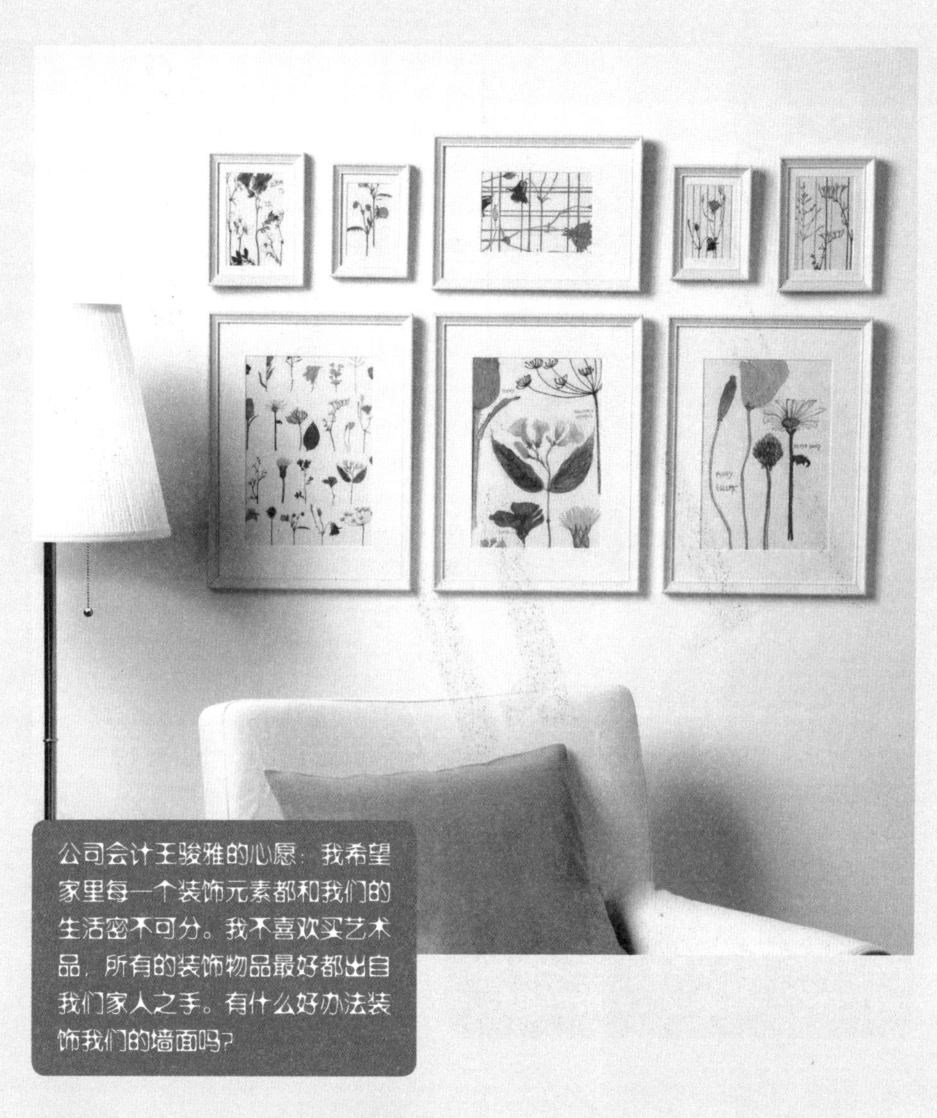

公司会计王骏雅的心愿：我希望家里每一个装饰元素都和我们的生活密不可分。我不喜欢买艺术品，所有的装饰物品最好都出自我们家人之手。有什么好办法装饰我们的墙面吗？

2. 如何让孩子也参与其中

何不让孩子自己装饰墙面呢？可爱的小天使们用自己聪明的大脑和灵巧的小手，可以画出好多只漂亮的蝴蝶，还在等什么呢？

作为父母，可以和孩子一起策划主题墙的画面，每个季节可以更新一次。你完全可以参与到孩子们的世界中，即便你忙于工作，看着这面墙，孩子们也会想起爸爸妈妈一起陪伴玩耍的欢乐时光。

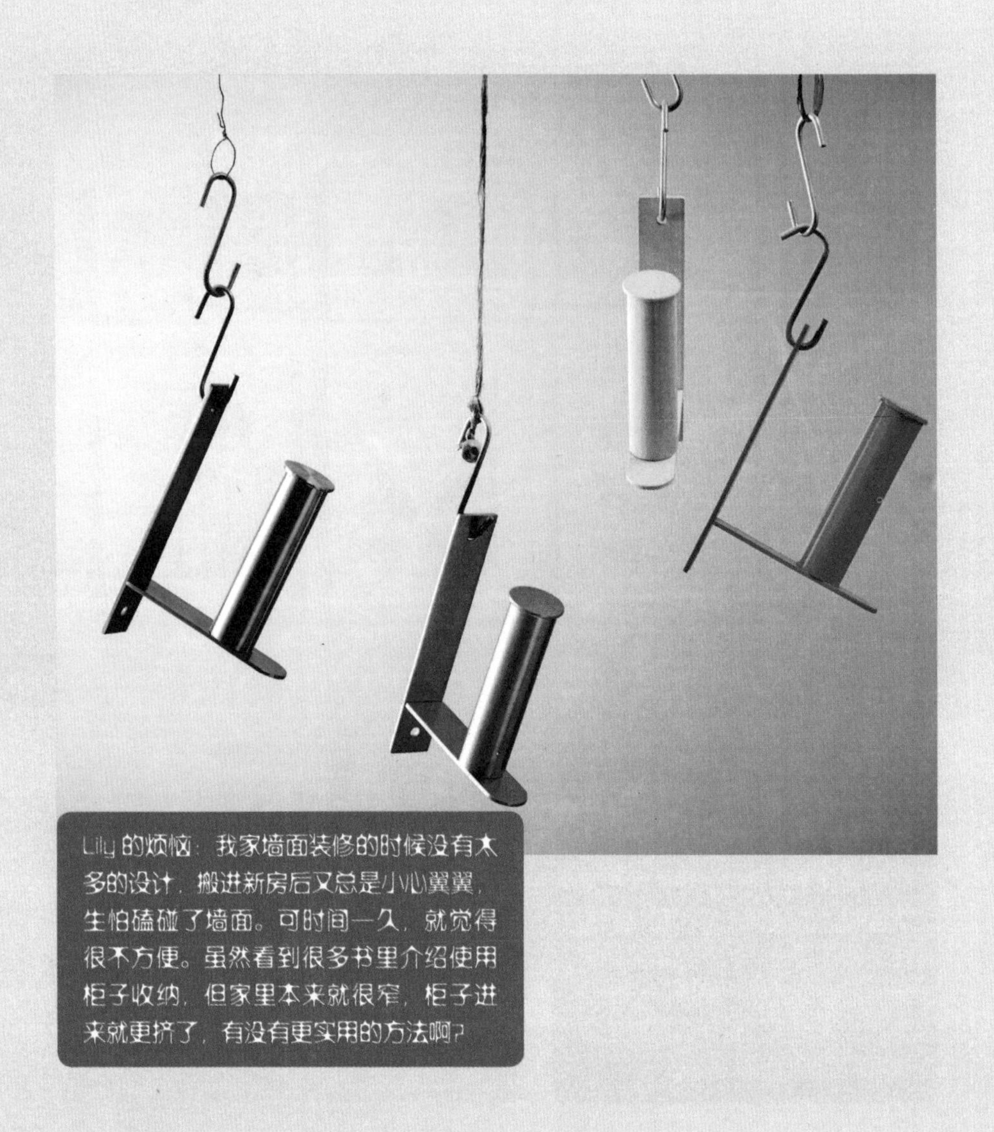

Lily 的烦恼：我家墙面装修的时候没有太多的设计，搬进新房后又总是小心翼翼，生怕磕碰了墙面。可时间一久，就觉得很不方便。虽然看到很多书里介绍使用柜子收纳，但家里本来就很窄，柜子进来就更挤了，有没有更实用的方法啊？

超省空间，旧物利用

1. 卫生纸卷架的神奇变身

不得不承认很多人拥有丰富的创意和想象力，下面这些方法来自众多神奇的大脑，有的是家庭主妇，有的是专业设计师，还有的是在校的学生。不管怎么说，他们的创意让我们的空间变得相当有趣，而那些被我们扔在马桶边上、不起眼的卷纸架将会变得精彩纷呈。

2. 用卫生纸卷架来打造一个“墙面停车场”

大宝的棒球装备，二宝的学步车，家人的羽毛球拍……或许你还可以有更多物品。我们总是习惯不停地往家里搬东西，越搬越多，还是少搬一点吧。有人帮我们想出了这样的办法，不然这些大件东西真的要把你的小宅挤爆了。如果你和家人协调好，说不定这个墙面可以变成你的衣帽间。

3. 哇，太好了！

对于创作者来说，这个墙面的改造无疑是相当绝妙！很好地利用了侧面墙壁的空白，它闲置的时候你根本没有在意过吧。或许你的稿纸弄得满地都是，又或许你总觉得这个书桌太小了，是啊，你的笔总是跟不上你的大脑，还是这样比较好，可以随时拉出来记流水账。可以改造的地方还有很多，接着往下看吧！

壁钟装饰法

1. 令人眼前一亮的墙面

是不是很惊叹？如果没有这个落地钟，也许客厅就会失色不少。若你决定用它来装饰墙面，实在是明智之举。它实在是太可爱了，不仅提醒你分秒必争，还很好地利用了立体收纳，一举多得！

2. 恰到好处的实用墙面

家里经常会遇到这样那样空白的墙面，有的只有一块木板那么大，其实空着也挺好。不过，有时候却希望有一些小小的装饰，最好还能有点作用，特别是在客厅和朋友聊天的时候，不知不觉时间就过去了，墙上挂一个时钟，一抬头就可以知道时间，是不是很方便呢？

3. 激发灵感的创意墙面

用色彩来渲染整个空间的效果，据说黄色是最具智慧的颜色。在设计师的空间中，黄色能够带来创意，激发设计师的灵感。找到一个能够搭配主题的壁钟，会让整个墙面的设计变得精彩纷呈。想要永远保鲜，最好的办法就是每隔三五天进行一个小调整，原来放在椅背上的壁钟，现在就可以挂起来。

更多趣味想法

1302室的业主露露说：每次购物回来都会收获好多漂亮精致的袋子，真舍不得扔，有什么好办法可以利用起来吗？

1. 便宜的小袋子再也舍不得扔了

如上图所示，你可以用各种透明的袋子来陈列自己的杰作，然后用胶布粘在墙上。你家里是不是经常发现一些零食袋或者化妆品的装饰袋呢？以前都是扔到垃圾桶里，这次有用武之地啦！用它们来放一些花朵、树叶、卡片等，都是不错的装饰元素。

小叮咛

利用旧杂志的清晰而鲜活的图案同样可以有一番作为。过刊都扔掉实在太可惜了，不如用心裁剪，好好设计一下，一定会给到你不一样的效果。❶ 按照杂志上的原图进行剪裁，自己添加剧情进行编排。❷ 设计蝴蝶、星星、波点……将原来杂志的花纹打乱。❸ 创意拼叠，利用铜版纸的质地，带来厚薄不一的凹凸触感。

2. 赠送的海报也可以有大舞台

买牛奶赠送的海报，或者看音乐会时附赠的贴纸……这些可能都不用你花一分钱，却可以用富有艺术气息的画面把家变得与众不同。在 Mandy Barker 的设计下，这样的画面不论是装在画框中或者单纯利用其背后附着的贴纸标签固定在墙面上，都会成为不错的装饰元素。不得不说，你的品位令小宅变成了“艺术品”。

小叮咛

滚得到处都是的海洋球，与其找超大储物箱装起来，不如利用自家的墙面，还能够获得意外之喜。❶ 将海洋球按照不同的颜色进行组合，可以创造不同的视觉效果。（请选择无痕胶）❷ 除了海洋球之外，把毛线团用作墙面装饰，最适合冬季的居室。（请用底板固定）❸ 氦气球也是墙面装饰的好角色，不用胶粘剂固定，可以用绳子的长短制作出不同高度。

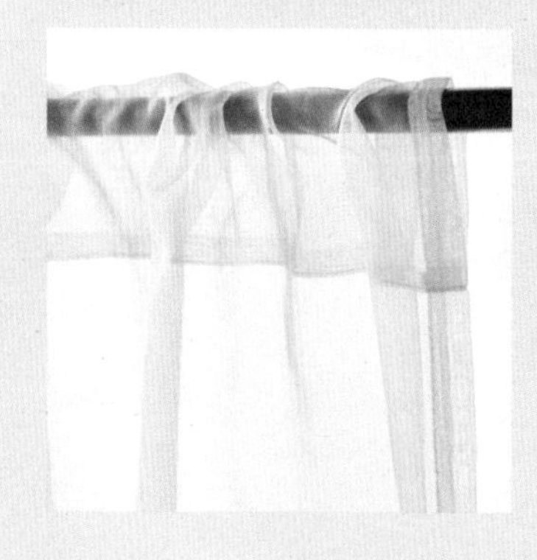

3. 旧裙子摇摆出新风采

每个女生都会有几件波西米亚风格的长裙，如同扇子一样展开，就能够覆盖半个墙面，成为精美的墙面装饰。这里推荐几种用旧裙子装饰墙面的好方法。首先，你可以考虑将雪纺的裙装采用垂挂的方式，如果裙摆够大，完全能够制作出一个厅中厅的墙面效果。其次，如果是纯棉的裙装，比较适合固定在墙面上，值得注意的是，裙摆的位置最好采用松散的固定方式，这样能够为裙摆增加灵活性。第三种方法是对于不同面料的裙边，你还可以有不同的创意，添加流苏，则会有更佳的墙面装饰效果。

推荐墙面收纳整理的小窍门

墙面收纳整理的要点在于严格区分自己身高的限制。第一类，需要借助辅助工具才能拿取。第二类，伸手即可拿取。第三类，视线平行高度。第四类，需要俯身才能拿取。针对四类不同的身高限制，所摆放的物品也应该是不一样的。大家可以参考下面内容。

上方收纳区域，即需要借助辅助工具才能拿取（主要摆放不经常使用的、比较轻的物品）。	（1）囤积的生活用品类。 （2）不经常使用的餐盒。 （3）准备给回收站的物品。
中部收纳区域，即伸手即可拿取，或者高度与视线平行（使用频次最高的物品）。	（1）经常阅读的书籍。 （2）随手摆放的笔记本、相机、手机、钥匙、充电器等。 （3）喜欢吃的零食、喜欢喝的气泡水、咖啡、饮料、茶等。
下部收纳区域，即需要俯身才能拿取（比较重一些的物品、孩子专属的物品）。	（1）不经常阅读的工具书。 （2）专属于孩子的物品。 （3）使用频率不高的吹风机、电熨斗、按摩器等。

2 聚在一起，唤醒对客厅的热爱

住得舒服是维持生活品质的基本要求，没有谁会替你去想自己真正需要什么。由于有了客厅，所以我们能邀请朋友聚在一起分享彼此的故事和人生经历。实实在在的生活才能让我们获得踏实自在的感觉，所有的设计、装饰，包括生活方式，唯有从小户型客厅本身的条件出发，将所有的物品按照空间实际的形态以及居住者自身的生活习性、爱好，包括对未来人生的憧憬进行整体规划，才能够找到居住的真正意义。哪怕是在外租房的人们也都希望布置出一个自己喜欢的家居空间，特别是客厅，因为在这里不仅可以生动地呈现自己的状态，而且还有让人心怡的装饰元素，所有的布置设计和装饰都是为了能够与这辈子相识的人好好聚一聚、聊一聊。

1203室的牛丽有点烦：房子太小了，朋友来聚会想好好装饰一下，一起聚餐，不知道该怎么弄，有什么好办法吗？

规划客厅的厅中厅

3 平方米 + 3 平方米 + 4 平方米，
按照 30%、30%、40% 的比例，以最低需求规划客厅，
再运用地毯、纱幔、沙发群、垫子等多种方式进行设计。

装饰餐椅能在小客厅中分隔出餐厅

对于小户型来说，在客厅吃个泡面还行，但是如果想要邀请朋友来做客，可就没有那么简单了。你想简单一点，装饰一下餐椅，哪怕只有一小点装饰，也能够让用餐区在小客厅中脱颖而出。

社区论坛版主卷卷发起的话题：10平方米的小客厅想要变身咖啡厅，又想要变身会客厅，还想要变身私密空间，再多一点奢望……想要打造低调有品位的影音室，有什么好办法吗？

介绍几种会客厅暗藏玄机的办法

1. 收纳柜可以通通藏起来

客厅电视墙完全可以变身为一个收纳空间，在墙面上错落有致地安置各种小格子，这些小格子可以放书，也可以放常用的物品。当然，你也可以陈列自己喜爱的雕塑作品、摆件、小装饰或者灯饰，也可以有一些 DIY 的作品……总之，一个墙面可以展现真实的自己。最重要的是，当这一切拉上幕帘以后，全部可以很好地藏起来，即便朋友临时到访，也不用手忙脚乱了。

2. 低奢装饰，小宅也可以轻松拥有

有时候只是想和朋友面对面地坐着聊天，就好像在咖啡馆的角落一样。然而家里往往堆积了厚重的记忆，像一个拖拽着经历的老人一样，匍匐前进。你希望自己能够拥有一个低奢的电视墙，带有简欧复古的感觉，然后可以在墙上设计黑色的简欧风相框……当你期待和朋友单独相处时，请继续拉上幕帘，营造不被电视机所打扰的私密空间。

3. 小客厅里的华丽影音空间

客厅单单具有会客功能就够了，朋友来了，坐在一起聊聊天，喝喝咖啡，一起分享一下彼此最近的心情，一起相互吐槽……似乎怎么也玩不够。但是，偶尔我们会希望调剂一下客厅的氛围，比如一起看看电视剧，重新看一下《致青春》，听听《空城》，或者一起玩一下 XBOX……朋友相聚如此与众不同，所以对于小户型客厅来说，一个幕帘就能解决大问题。

朋友来了，客厅变客房

没有面积的限制，
随时准备一张客房沙发。
给自己一个慵懒的空间，给朋友一张舒适的床。

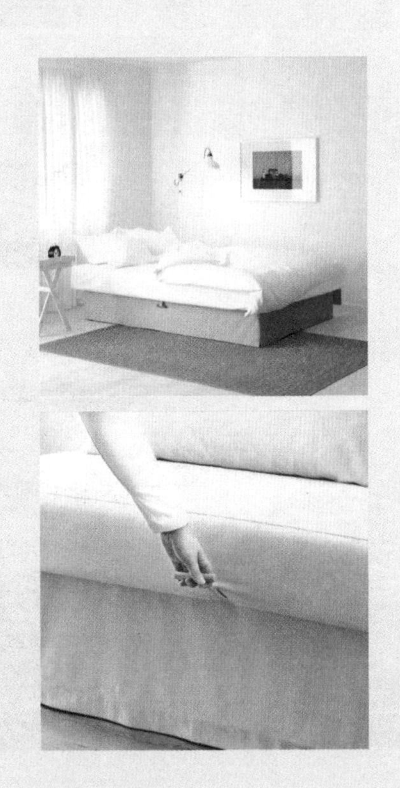

话题一　房子太小怎么办

暗藏机关很重要：一张看似简单的沙发，却暗藏机关，不仅可以展开，还可以有多种方式进行收纳整理，这些小细节都可以为小房子增加便利，再不用担心朋友来了没地方住了。

话题二 如何让朋友住得舒服

小户型沙发：小户型比较适合选择靠垫高 92 厘米、靠背高 79 厘米、座深 60 厘米、座高 44 厘米的沙发，这样展开后正好是双人床大小，床宽 140 厘米、长 200 厘米。床的舒适度首先取决于弹簧的数量，挑选量多、个小的弹簧能够让沙发坐上更有层次感。多层海绵的沙发能够保证多角度受力。并非单纯为了实用而选择可伸展的沙发床，舒服和契合身体才是最重要的。

让朋友住得舒服，是有条件的

想要让朋友在暂时的居住中一觉好梦，那就要看你对卧具是否了解了？这里推荐大家一些挑选卧具的好办法，是时候在这一页贴上标签贴了，不定什么时候就用上了！

条件一　10 平方米易睡

客厅改客房是小户型最有优势的地方，因为面积有限，小户型的客厅通常都会成为收纳和整理的核心区域，所以留出供客人休息的区域不会太宽敞。这样反而能够让客人睡得踏实和安心。通常 10 平方米以内的休息区域是最舒服的，即便让客人居住在临时的客厅中，他们也可以养精蓄锐。

条件二　准备客用沙发套

更换掉颜色鲜艳的客厅沙发套，取而代之的是能够让人安静下来的客用沙发套。不仅更换了颜色，还让朋友有被重视的感觉，同时更卫生干净。

条件三　好设计，要靠墙

模拟卧室床摆放的方式，临时将客厅改为客房，也一定要预留一面墙。不建议摆放在客厅的中心位置，这样会让人感觉不安稳，睡觉时易惊醒。预留出的一面墙，让这个临时客房更可靠，有“靠山”才能够睡得更香甜。

条件四 床帏与恒温

值得一提的是床帏，床帏也被称作床帐。现在很少有人在家庭中用床帏，主要原因在于其清洗太过繁复。对于客厅改客房而言，如果能够为客人精心准备床帏，不仅能够营造出唯美的睡意，同时还能展现出主人高品质的待客之道。更重要的是，床帏能将睡眠空间内的温度恒定，减少空调用电量，冷暖相宜。

条件五 留了一盏灯

客厅改客房之后，要关掉客厅的核心照明，很多家庭客厅依旧还会选择一盏顶灯，这样的照明方式不利于营造客房的氛围。如果关掉客厅的大灯后，一点光亮都没有，那么请为你的客厅购置一盏小灯。一定要选择暖光源，不要用特别高的瓦数，只要能够照亮一个角落就可以，而那里正是适合睡眠的好地方。

话题三　不想慢怠客人怎么办

独立空间很重要：房间再小我们也希望能够有一个纱幔可以把自己轻松地包裹起来，似乎只有自己一个人的空间才是最安心的，邀请客人来到家里也同样如此。如果你希望客人今夜能够安心入睡，比较好的方式就是利用好客厅的转角空间。在天花板上安装一些隐性的挂件，这样朋友来的时候，直接拉上就是一个现成的转角房了！

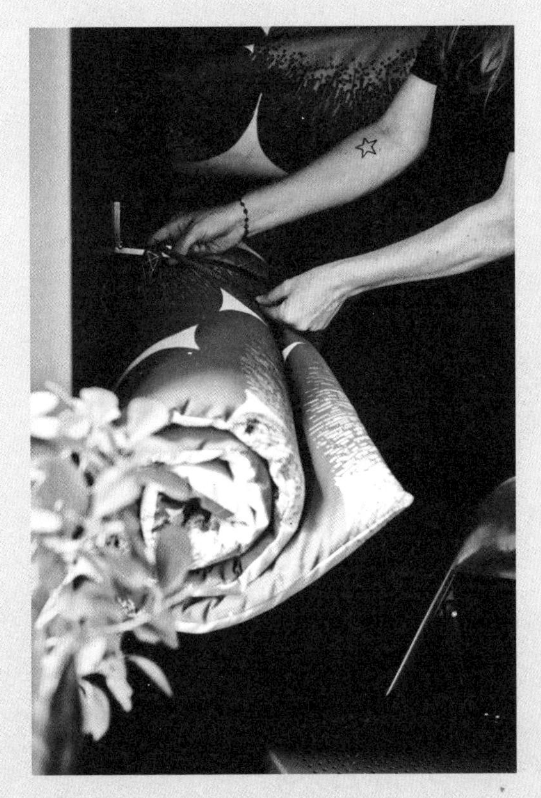

话题四　如何高效利用空间

好收好放：把朋友用过的褥子，晒好之后，卷缩收纳，然后放在客厅的一角。朋友下次来时可以随时取用。

跟随自然光：跟随自然光来设计客厅，一整幅窗帘的设计让阳光更加自如，朋友临时入住，睡在沙发上也会感觉到轻松和惬意，增加小居室的亲和力。

跟随小窗台：也许你会无意间发现，有小窗台的生活区域很方便，不仅能够摆放花花草草，躺在小窗台下面，窗台下的收纳柜还可摆放随手杯，所以这个区域也很适合改客房。

跟随小角落：客厅虽然小，但你却可以轻易发现很多的角落。因此当你想把客厅变客房的时候，另一个好办法就是利用角落，跟随小角落让客房随遇而安。

话题五　如何避免客房太过冷清

床品具有蓬松质感：这样蓬松的质感，一定会让朋友对临时小住赞不绝口。马海毛制，丝质光泽，而且还拥有亲肤般的温度。最好选择 170 厘米的长度、130 厘米的宽度。

改变触感：改变脚面的触感能够最直接地改变室内的温度。让客厅如同草地一般，朋友来了，席地而坐都可以无比随意。选择一些带有新鲜感的色彩更能够让客房变得生机勃勃，彼此颜色的相称与呼应，再加上柔软的质地，真正感受到“有朋自远方来，不亦乐乎”。

放置小物件：将你喜欢的小物件摆在客厅中，不仅能够带来愉悦感，还能够为小居室里的社交空间带来独特的感觉。细节的设计不仅是为了好看，也可以有更多的创造性，比如把平时舍不得扔掉的小东西都放在透明的装饰柜里，在半遮半掩之间，这一切自然也成了别致的装饰品。

折叠边桌：想为客居空间提供多一些方便，又不想增加小户型的负担，可以收叠的边桌成为首选。

可移动电视柜：实在住不下，干脆选择一个可移动的电视柜，当朋友来时，把电视柜挪开，就可以放心地设计客居空间了。流畅性会让你的选择变得高明！

挂帘布：打造客居最简单的方式就是挂上布帘，你甚至可以根据自己对客人的了解，为他们提供不同风格的布帘。当大面积画面跃然于眼前的时候，感觉将会大不相同。

PARTY ON 正当时

不浪费大好时光，

小宅如何举办大派对，

P+ART+Y+ON 创意方程式另类解读派对装饰。

痛点一　不想花钱如何营造氛围

方法一　选好道具很重要

不想花大价钱，但又想好好营造一下氛围，气球会是不错的选择。千万不要小瞧气球的影响力，每个人心里对于气球都有一种梦幻般的憧憬。女性空间中，彩色、粉色、波点多形态的气球都会带来童话般的效果。对于男性空间来说，黑色、深蓝色、紫色、集合形状或者一些主题性的气球也非常受欢迎。

方法二　用气味讨巧

柠檬味道　燃烧的蜡烛释放出柑橘与木头混合的味道，在派对上，这样的味觉调节，让人不知不觉进入愉悦的状态。怡人的芳香会为整个聚会带来意想不到的效果。

清新味道　柔和的清新之美，最适合恬淡安宁的派对。不是每一个派对都是热情四溢的，有时候，我们需要集体安静下来，让清新的白色蜡烛带来静谧的氛围。

薄荷味道　适合头脑风暴，让人在清醒的状态中脑洞大开，焕发生命的活力。特别适合创意型的派对活动，让所有人都能够轻松地进入创意状态，奇思妙想不断。

方法三　自然之美，生如夏花

自然的修饰手法，适合任何主题派对，邀请朋友带上自己喜欢的花束，和他们一起 DIY 一个甜蜜的空间，聚会不仅是一起胡吃海喝，更是大家在一起共同体验生活与乐趣。

痛点二 不知道如何进行派对策划

第一步 确定派对主题

派对的主题决定了空间的装饰技巧，一年 365 天，可供你发挥创意的主题不计其数。用一份好心情收获来自于不同朋友的能量。

第二步　利用装饰画强调主题

利用墙面的装饰画，可以随机变换主题，大家一起思考城市话题，或者闺蜜在一起聊一聊私密的话题，又或者来一个打折季……不论如何，你总能找到大家都感兴趣的话题。然后你需要做的就是改变墙面的装饰画，赋予其全新的语言，常换常新。

第三步 设计派对高潮的礼物牌

摘一个礼物牌，用不同的数字进行区分，这样的细节不仅可以装饰聚会现场，同时还可以让朋友们满意而归，为整个聚会画上一个完美的句号。

P+ART+Y+ON
创意方程式

你知道 PARTY ON 的另类解读吗？你知道 PARTY ON 所蕴含的独特创意吗？下面的解读会让你热血沸腾，因为你会因此而充满行动力，还在等什么？赶紧行动起来做一个自己的私家派对吧！

P = pretty（美丽）

用鲜艳的颜色来制造五颜六色的视觉效果，纸品的运用能够最便捷地制造美丽空间，这也是派对迷人的地方之一。

ART（艺术）

选择抽象的表达方式，将日常空间进行瞬间迭代，艺术是派对的升华与创造。也因此 ART 被更多的时尚人士理解为艺术，回到最初的画面。

Y = yeah（耶）

惊叫、尖呼、呐喊……为了欢聚、为了创意、为了意想不到的惊喜，这就是派对带给我们的正能量。在这里你可以感受到群居动物们彼此的共鸣与认可。

ON（当下）

这一刻，没有手机、没有邮件、没有碰瓷……所有的胡思乱想都和身边的朋友有关。感受当下是最难能可贵的财富，也是派对所要传达的精神。

超级变变变大

将就现成的角落，不用任何“储物法器”。
运用绝对对比涂料，好像多出一间房。
隔帘的使用也让小客厅多出好多富裕空间。

魔法一 如何高效利用犄角旮旯

1. 强对比，让角落立刻亮出来

强对比涂料的运用，好像让空间中突然多出来一个区域。经过精心的布置，一张恰到好处的地毯、一把高度合适的椅子，再用明信片或者 lomo 装饰，整个角落顿时生机盎然。再加入一些温馨的抱枕，立刻就成为最亮的角落。

想要提亮角落，比较好的办法是保持地面与墙面色彩的一致性。然后通过几何划分，将需要凸显的角落亮出来。在增加舒适度方面，一张剪裁以后的地毯显得尤为重要。

2. 动心思，让空间更灵活

将隔帘作为客厅中的装饰画，既可以令小客厅品位升级，同时还可以为小房间腾出更多放东西的地方，以后网购来不及拆的包裹都可以放在隔帘后面了。

3. 充分利用边角料，多出一个衣帽间

小户型里边边角角都格外珍贵，好好利用就可以解决小房子的大问题。当你想利用边角料空间时，一定要提前量好具体的尺寸，刚刚好的尺寸是最让人觉得满意的。如果需要在客厅内部小衣帽架下摆放外出的鞋，一定要把鞋底擦干净，避免把灰尘带到室内来。在颜色的选择上，如果你喜欢协调的感觉，就以客厅基色为准；如果你喜欢跳跃和彰显个性的效果，可以选择对比色系。

4. 分层次装饰，恰到好处的布置胜过万两黄金

分层次装饰，角落必不可少，充满魔法的设计通常都是最费心的，魔法不是一天练成，而是日积月累的巧具匠心。闭上眼睛，从天花板俯瞰自己小宅的平面图，数一数有多少个既有的角落是空空如也。家本来就应该是满满的，填满家的不是垃圾，而是你的用心良苦，是你的经历和记忆。转角休闲椅非常适合小户型，也非常适合缺乏安全感的都市族。

魔法二　如何利用色彩让空间自然伸展

1. 尝试用色彩带来居住的错觉

黑色与白色的用法之前说过一些，在这个小节中，我们能够看到更加夸张和具有挑战性的设计。

不仅是颜色，还有形状、纹路，这些一起成为与色彩并行的影响力。当色彩与空间中大多数物体融为一体的时候，你或许会发现房间的大小并不完全取决于面积。

S 形、V 形、X 形、波点…… 这些巧妙的图案将色彩进行再次分割，而我们的眼睛所能接收到的只是其中很小的一部分，而黑色加白色便创造了居住的错觉。

2. 当你如此偏执地爱上同一色系，奇迹就发生了

一个区域选择同一色系进行规划和收纳，能够增加整体性。相对于五颜六色或者强烈的撞色效果，同一色系能够让空间变得更加简单，不知不觉间也就忽略了物品的存在感。对于不习惯使用抽屉、懒得把所有物品都藏起来的人来说，这或许是最讨巧的方式。

3. 它们一分钱没花，房子就变大了一倍

从 45 平方米变到 90 平方米，一分钱没花，就把房子变大了一倍，有的设计师把这种感觉叫作扩展。当然前提是你的物品不能无限多，如果你的东西在可控范围之内，这样的方法将会极大地提高家居舒适度。

魔法三　如何利用光的路径让空间变大

1. 你想过重新扩建你的窗户吗

所有的布局设计都从光的角度着手，规划不是按照户型图里面规定好的尺寸，要珍惜空间里的每一扇窗户。如果客厅中窗户太小或者面积太局促，可以考虑在不影响建筑体安全的情况下对窗户进行扩建。在充分利用自然光线的前提下，客厅所选择的补充光源也要考究与自然的契合，尽量减少灯具的过度装饰，让光线可以自由“生长”。

2. 裸露框架？没错，其实你的房子原本应该更大

每一个房间都有自己的框架，大多数时候我们的设计原则都是隐藏，当你看过太多的名家作品之后就会发现，裸露在外的框架结构是如此迷人且富有骨感。小户型的住宅，巧妙地藏露框架会让你的蜗居变得有想法。如果说框架体现了骨感，那么大面积软装色彩则与其互相呼应，再迷你的住宅都会因为这样优雅的小气质而与众不同。将框架进行展示的最好办法是增加透光性，原本需要用很厚的墙面来进行遮掩的，如今自然裸露在外，看上去是不是显得更宽敞一些呢？

3. 越来越“离谱”了，边边角角也能成为客厅主角

别再单纯地按照户型图来规划自己的居所了，难道阳台就真的只能种花、种草、晒衣服？那么好的日光，白白浪费岂不可惜？即便有一些斜角不规整，按照光的路径，也非常适合做客厅的重心。

当你把思路打开以后便会发现，其实规整的设计浪费了很多的空间，你需要按照自己的生活习惯和个性，打开思路来设计自己的房间。当你脑洞大开的时候，买多大的房子已经不是关键的问题了，而是看你愿意怎么玩。

魔法四　越住越大的 5 种小幻想

已成定局的房子怎么可能越住越大？太多的收纳达人已经用自己的实际行动证明了房子不是越买越大，而是靠自己的实力越住越大的。有没有不靠收纳，同样也可以越住越大的办法呢？那基本只能靠幻想了，也好啊，那我们就幻想好了。

幻想一

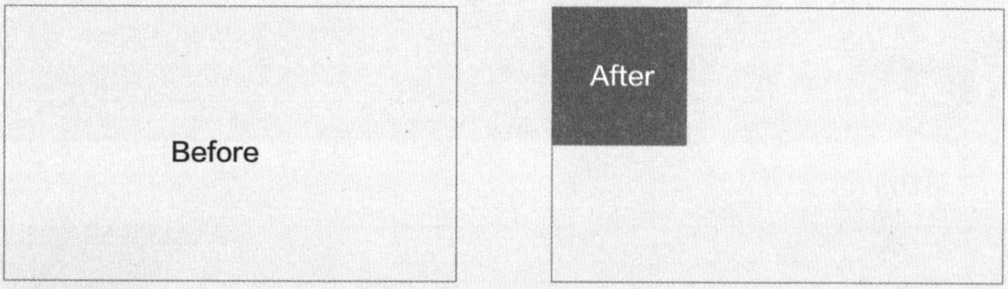

Before

After

诠释：同一个客厅，用强烈的红色将空间进行分隔，让人产生一个客厅两个空间的视觉幻象，这样被划分在红色区域内的新空间，就可以多一些功能。你可以任意在里面摆放统一分类的客厅杂物，既能够与原始客厅区分开，同时还能够保持整体性。

幻想二

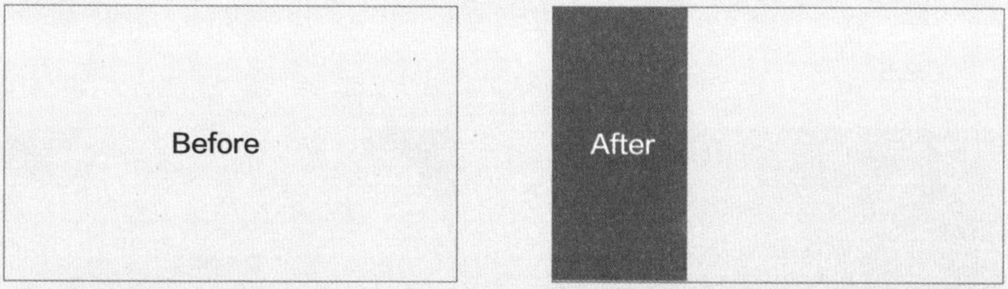

Before

After

诠释：在幻想一的基础上，红色区域可以进行不等面积的延伸。对于怎么都学不会“断舍离”的那些收纳“小白”而言，这样的方法确实比较有意思，看来有了设计的遮掩，怎么乱都无所谓啦。

幻想三

Before

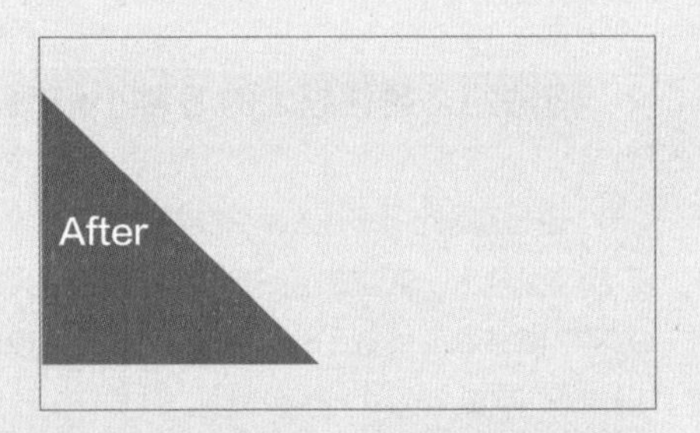

诠释：除了无限延伸的方式，如果选择同样颜色，但又不希望室内空间过于平淡，为了给空间加点创意，可以在几何形态上动动脑筋。互补三角形对于转角空间来说会是一个有效的利用，打造这样的视觉幻象的主力是地毯，当然如果愿意设计的话地台也是可以的。

幻想四

Before

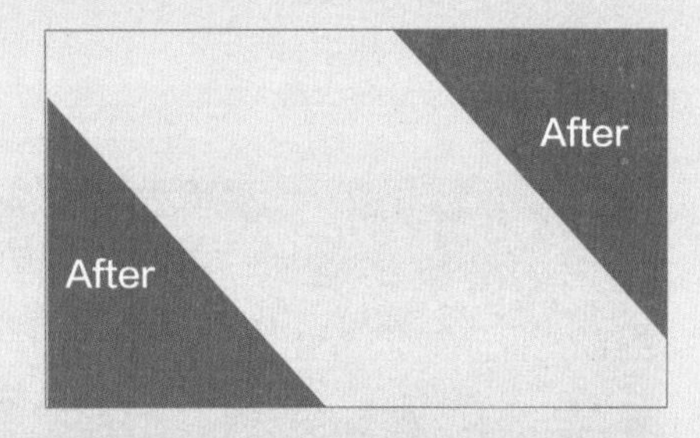

诠释：在幻想三的基础上，对比涂色能够将空间固化下来，寻找小空间里面的平衡感，同样是 90 度的转角，值得发挥的余地非常多，在制作涂色幻象的时候，一定要注意自然光线的运用，利用一整面空墙，视觉效果会更好。

幻想五

Before

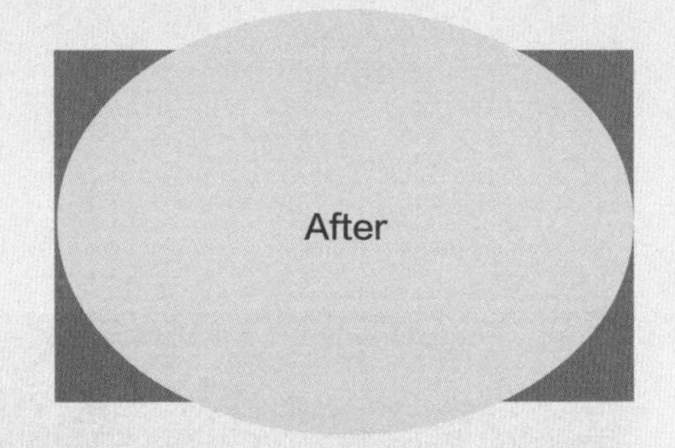

诠释：切割式涂色，将客厅空间作为一个整体，然后再进行切割，剩下的四个角，呈环抱形展开，最好能够配合客厅的坐具布局，从而打造默契的视觉效果。这或许是一个大工程，从一开始就要好好计划，但收获的视觉效果却是与众不同的。

如何让你的蜗居豪气冲天

颜色将决定你的小房子的基本格调，材质则是让你“上天入地”的最佳砝码。还有什么更好的办法可以让你的蜗居豪气冲天呢？也许你要学学他们。

1. 豪气，就是一整面墙只做一件事

小户型最担心的就是收纳空间不够用，所以东西经常堆得到处都是，想要找的时候却找不到。因此合理地规划客厅空间每一面墙变得非常重要。千万不要小瞧了这样的立面面积，不是只有地面才是有用空间，每一个墙面都要好好规划，就算是留白，也要明确它的价值。

2. 豪气，就是选择最优质的面料

越是小户型越需要将每个部分的物品进行最优质的匹配，不要把所有的东西都搬到家里面来，而需要精选更多优质的单品，即少而精，即便是纯棉也会因为棉产地不同而有优劣之分。从保暖效果来说，羊毛、羊绒面料也是首选，所以首先考虑自己究竟是什么体质，如果怕冷就先从保暖开始吧！

3. 豪气，就是连织法都要斤斤计较

在沙发上随身摆放的小毯，采用竹节棉的织法，形成类似竹节样的纹理效果，具有柔软、高透气性、抗拉伸、高吸湿性等一般普通棉料不具备的特性。竹节棉比一般的棉质面料成本偏高一些，有厚有薄，水洗竹节棉为其中的上品。

FIJI
NATURAL MINERAL WATER
斐泉

3 重视细节，时时刻刻都有好心情

一滴柠檬尤加利精油就能够激发居住者热爱自由的品性，很多时候我们的家居收纳节奏一直停留在对于事物的整理和规划上，那些我们经由视觉传感到精神层面的过程其实只是居家生活的一部分。我们要的不仅是一个巢穴，更是一个可以安抚情绪、缓释压力、修复缺陷、获得愉悦的立体空间。空间的情绪是一个很微妙的问题，有时候进入玄关时几双凌乱的鞋就会搞糟心情，有时候又会因为入座时一个充满趣味的抱枕而幸福地微笑，在“几何控，如何玩出小新鲜”中就有这样的小动作。有的时候会特别满足于当下的生活，虽然房子很小，但有一个角落可以坐下来好好看会儿书……正因为如此，用双手打造的小客厅的边边角角，都释放出生活的乐趣。

客服经理王艳：没错，我就是典型的几何控，从衣服、鞋子到包包，但买多了就觉得眼花缭乱的，怎样才能做一个有品位的几何控呢？

几何控，如何玩出小新鲜

45 度角，
90 度规则，
360 度喋喋不休，
几何如何装饰空间？
跳出单一层面的视觉色彩元素，
连接、拼贴、挤压、混合、交织……

玩法一　几何布块的多种组合方式

1. 暴力点缀型

再没有比几何图案能够带来更直接的视觉冲击了，如果这些几何图案分别采用了强烈的对比色，简直就是暴力点缀。

再时尚的沙发，如果没有靠垫进行点缀，都会显得有些孤单。想让沙发变得充盈饱满，那就摆放胖嘟嘟的靠垫吧，它们不仅舒适体贴，还能够第一时间成为你的依靠。如果想让沙发出彩，最好的办法就是更新抱枕，这些小玩意儿就如同画龙点睛一样，轻松一换就能够创造崭新的居住空间。选择一种基本的颜色，其他的变幻都围绕着这个颜色，然后让创意无限延伸。

2. 主体突破型

想让客厅的某个角落引人注目，最好的方式就是采用几何拼色的方式，黑色 + 草绿 + 橙色 + 粉色 + 蓝色 + 白色……至少保证在 5 种颜色以上。颜色的搭配以色相环相对为主，强烈的对比可以让小户型的客厅角落变得神采奕奕。

如果你选择这种方式的装饰手法，一定要注意其余空间的底色越纯粹越好。如果实在不知道怎么搭配，最简单的方法就是黑、白、灰三色的重组，这三个颜色与几何拼色在一起怎么都不会出错的。

3. 大胆铺张型

在所有的对比色中没有比黑与白来得更加直接的。几何形状中，三角形的运用是最多的，而充分展示三角形对比性的几何构图就是菱形，因此选择菱形，就是选择了两组三角形。

对于小户型的居住者来说，如果希望有一个个性化的客厅，并且带一些时尚动感，黑白色彩填充的三角形几何图案就是最好的选择。

在此基础上，利用地毯大面积铺开也是个性和率真的表现。

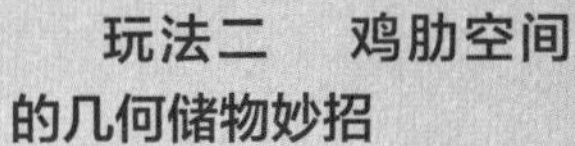

玩法二　鸡肋空间的几何储物妙招

1. 你真的充分利用了每个空间吗?

时间越久就越发现家当越来越多。所以让软装都再见吧，我们要的就是住得舒服！其实这一点也不矛盾，或许你需要想想自己是否充分利用了每个空间。

这样贴心的设计，一定是充满了生活情趣的人才能够想得到。就像写字的时候最好有点巧克力，让甜蜜的滋味萦绕心头。

几何不仅是装饰的代名词，它更是居住者发挥无限想象的聚合体。在这里你会发现，原来白白浪费掉的空间，都可以被完美地收纳进来。用态度收纳杂物，将几何与空间结合，这些小细节总是让人赞叹不已，转角遇见柜，原来几何也有态度。

2. 谁说屋子小就没办法有情调？看看小户型如何打造几何花园

空间小，但又热爱植物，怎么办？你可以看看自己沙发扶手边，或者窗前 1/3 的位置是不是空空的。上图中的圆形底座可以垂直摆放三种植物，并营造出不一样的视觉效果。即便只有一个拥挤的角落，也可以轻松地完成几何花园的设计，播种、剪枝、修叶……一切顺其自然。

3. 如何让几何储物顺势而为

很多小户型之所以使用面积比较小，是因为设计的时候浪费了很多的空间，比如过道、转角等。凸出转角在设计的时候，几何储物可以分为上下两个部分，上部为墙面，上部墙面在设计的时候要注意透光性，上图的小方格好处就在于既能够适量储物，又不会阻挡小户型的光线，最重要的是还可以恰到好处地装饰墙面，特别是加上照明设计以后。

用户体验专员 Linda：对于几何的设计，我有很多自己的功能需求，我更希望家里的每件东西都能够非常得实用、舒适。

玩法三 几何线条的舒适宜居体验

1. 不是每一种弧度都会令你的臀部满意

我们不是每时每刻都想慵懒地躺着，也不是每一种弧度都会令身体满意。有时候，我们只是想短暂地休憩。上图独特的下凹设计非常有趣，介于 15 度 ~ 35 度之间，让我们可以轻松地坐在上面。你会感到很放松，但却不足以让你消耗掉漫长的时光，可能还需要一点点的正襟危坐。一个懂你的凳子，可以读出言行背后的心理状态。

80后女作家暮雪的职业病：我经常长时间看书、写作，医生说我已经有严重的腰肌劳损和颈椎问题，家里面的物品，特别是家具我会很看重它的保健作用，有什么办法可以让我的腰部觉得舒服呢？

2. 你知道如何让腰部舒服吗

喜欢几何线条不仅是因其单纯的装饰效果，还因它符合力学原理，将结构平衡得没有瑕疵。这个时候你会发现，贴合脊柱弧度、具有弯曲效果的座椅会使腰部更加放松。

全职妈妈桃桃的想法：我有两个儿子，一个4岁多，一个3岁多。我希望家里的物品和装饰不只是好看，更要能够启发孩子的创意思维。

3. 增加几何弧度可以启发孩子的创意思维

孩子天生对弧形有一种依赖，这种感觉类似于襁褓包裹形成的几何线条一样。

也许对于年轻父母来说，能够给孩子准备一套稳定的蜗居已经不容易了，那么在设计客厅局部的时候，就一定要注意突破点，尽量选择一些有趣的几何线条，可以最大程度地启发孩子的创意思维。

你喜欢哪种几何形状

偏爱圆形？有的时候会特别喜欢不规则的图案，很多人的床头都喜欢用太阳形状的镜面，而且实在不明白为什么自己对于三角形状的变化那么痴迷，不知不觉就囤积了一大堆几何玩具，到底哪个才是最真实的自己？一边想一边不知所措，让我们看看，这些几何形状背后的自己吧。

喜欢三角形

对于喜欢三角形的你来说，生活中或许会有各种各样的不如意，你会不经意就陷入某种困惑当中，无法找到自己的方向和答案，但你却很坚强，努力在寻找快乐。你是个积极的悲观主义者，你的每一个笑容背后都有自己坚持的意义和价值。而家就是陪伴你努力前行的勇气。

喜欢正方形

对于喜欢正方形的你来说，会很强调生活的原则，在你眼中，原则是做人做事的方法，就如同在铁轨上行驶的火车一样，方向与动力从来不是你缺少的，但你却永远离不开那条轨道。而家就是你的那条轨道，留一些空间给自己，或许你会更加快乐和自由，这样也能够让家人感受到更加立体的你。

喜欢星形

你是家人的光环，比如你的努力、你的争取、你的睿智。你让人着迷的从来不只是外表，而是用智慧获得更多的关注。你必将成为焦点，这是你面具背后的模样，如同有魔力一般在支撑着自己的光景。星星之所以明亮，是因为它在黑夜当中，所以你需要找到自己的黑夜，在家中觅出自己生活的方式，家不在大，有人就好。

喜欢圆形

喜欢圆形的你必将喜欢环形，你的生活圆润而丰富，没有过多要求的你，却经常能够收获一些意外的惊喜。你深深明白“塞翁失马，焉知非福”的道理，在你的脸上经常能看到从容的笑容，家也因为你完美的人格而通透自然。也许你现在偶尔也会为小事所困，但前方依然有美丽相伴。

抽屉分好类，生活不会累

用图片卡、标签、照片等多种方式进行储物提示，分好类别的抽屉，可以更快捷地找到物品。

按照类别分类，用图片标示

名片卡

根据不同的品类对木片或者卡纸进行裁剪，然后粘贴在抽屉外侧，这样就可以很好地区分不同的物品了。

除了抽屉，盒子、柜子外面同样也可以用这样的方法，这样就可以把所有的物品都打包装好，就像前面“多买柜子，少操心”里面的办法。不过置办越多的柜子，就越需要将自己的生活物品进行分类，只有分好类，做好标签，才能真正地少操心。而如果你连 DIY 的勇气都没有，那么至少可以用 LOMO 多拍些照片，可以参照“藏起来的秘密空间”里的那些小办法。

办法这么多，总有一种适合你。

703 室李颖的烦恼：根据装修建议，我安了很多的抽屉，东西确实都放进去了，可是我觉得家就好像迷宫一样，很多东西都找不着了。

按照区域分类，用地图标示

视听区域

视听区域的抽屉里，主要摆放遥控器、耳机、音响配线等物品。根据不同区域的属性，将相关物品就近摆放。建议抽屉装“八分饱”，这样才能够保证整理的灵活性。

玄关区域

玄关区域的抽屉里主要摆放鞋、钥匙、记事本等常用物件。对于小户型来说，很多房子可能没有专门的玄关，只有一个柜子，比较好的方式就是定期整理玄关抽屉。保证每周清理一次，一个月可以调整一次摆放的规则。

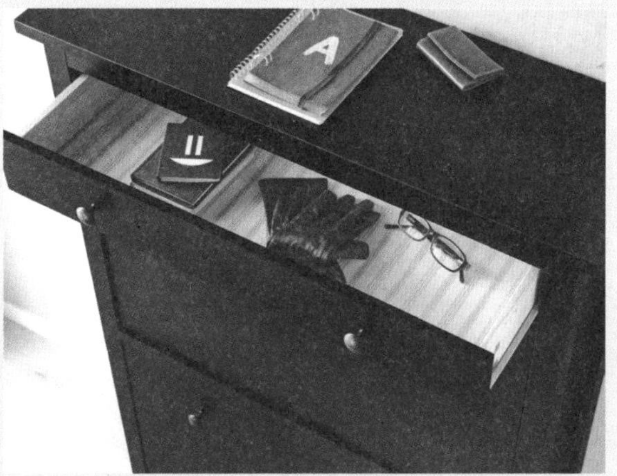

沙发区域

坐在沙发上总想要顺手干很多事情，比如戴上耳机听听歌，做一做 DIY 小手工，取下戒指顺手放起来……这些懒得起身、顺手拿取的东西，总是不容易找到，建议大家在沙发区域设计这样的分割抽屉，从而保证下次再找的时候能够更快捷方便。

编剧卡生的留言：我不喜欢千篇一律的木板、钢材、铝合金……我喜欢自然生态的感觉，有什么可以推荐的吗？

按装饰效果分类，趋于整体性

藤编材质装饰

打破传统抽屉的概念，在格子架上加入篮筐的设计，并且选择统一的颜色和式样，能够让人感觉到整体的设计感。这样的篮筐非常适合存放报纸、杂志、照片等，在挑选的时候一定要注意，网篮必须带有拉手，这样才能够轻松拉出。藤条的材质可以让你的小宅在不经意间留下时间的印记。

无氯漂白纸材质装饰

相对于篮筐带来的原生态感觉，用无氯漂白纸制作的纸盒可以拥有五彩斑斓的颜色，更适合打造都市时尚的客厅空间。因为有拉手设计，所以使用起来和抽屉一样方便。选择同样颜色会形成视觉冲击，而选择五颜六色又可以带来不同的创意效果。在这类装饰中，最重要的是“趋于整体性”，也就是在这个部分尽量摆放同一类的物品，便于整体记忆。

各种强大的分类窍门，助你一臂之力

分类利器

或许你也有这样的抽屉，可每次总是为找一条腰带恨不得翻箱倒柜。其实你完全可以 DIY 一个抽屉分割件，隔断可以帮助你快速轻松地按照自己的方式整理抽屉。如果想要更多隔间，只需增加隔板即可。

你的抽屉用起来不方便，也许是用错了尺寸

不同功能的抽屉往往会有不同的尺寸进行匹配，下面盘点一下常规的抽屉尺寸，供大家根据需求进行选择。

装鞋	当抽屉用来装鞋的时候，深度的基本尺寸是 25 厘米，这时候，只能将鞋子立着放。比较适合的尺寸是 35 厘米，这是标准的鞋柜层板深度，可以平放 43 码以内的鞋。当抽屉的深度变为 40 厘米时，你就可以轻松地放鞋了，即便放鞋盒也很容易。
装杂志	用抽屉装书的好处是能够方便拿取，但所有的书都要立着摆放，这样才能方便阅读。千万不要一本叠加一本，让每本书都承载叠加的重量。宽度 32 厘米、深度 34 厘米、高度 32 厘米是比较方正的放书抽屉，一般情况下，一个抽屉可以摆放约 20 本杂志。
装玩具	装玩具的抽屉相比较一般的抽屉会更深一些，在确定这几个抽屉用来装玩具之前，请仔细区分一下玩具的种类，如果是以彩虹杯、积木、洋娃娃为主的小型玩具，最好能够将抽屉进行再次划分。比较适宜的尺寸是深度 33 厘米、宽度 47 厘米、高度 21.5 厘米，并且这样的抽屉可以重叠使用。
装杂物	装杂物的抽屉没有太多限制，深度 53 厘米、宽度 35 厘米、高度 16 厘米就可以。值得注意的是，一定要提前规划杂物类型，然后再进行隔板细分，这样便于找东西，必要的时候还可以将抽屉进行拆分。总之，提前规划分类物品是最重要的事情，不用先忙着添置储物装备。

速效心法，帮你快速下决心、增强行动力的金字塔

如果你到现在还犹豫不决，对于重组客厅元素持怀疑和懒惰的拖延态度，那么不妨了解一下增强行动力的金字塔，从金字塔的每一个结构中不断地强化行动的欲望。

操作方法：把金字塔每个阶段的文字大声念三遍，并且牢记在心。

练习时段：早上起床后，要空腹。

注意事项：避免在入睡前进行练习，否则大脑过度兴奋容易导致失眠。

我热爱行动。

行动是所有快乐的泉源。

我想要做的事就一定要完成它。

我非常高效地完成每一件事。

我的行动带来巨大成功，我享受工作的过程。

我享受人生，我的人生棒极了。我有坚强的信心。

我有无限精力采取大量行动，不断告诉自己马上行动。

我有完成任何事情的能力，我想到的事情，就马上去做。

我是一个很有行动力的人，我马上行动，马上行动，马上行动。

别着急扔果酱瓶，把小心思装进来，制作大大的艺术馆

吃完的果酱瓶、糖果罐、气泡水瓶……
利用它们透明的材质，可以在里面发挥各种各样的创意。

果酱瓶里的植物园

1. 灵活利用开口容器

蛋糕房里的芒果布丁瓶、清晨送来的新鲜牛奶瓶，还有各种蓝莓果酱瓶……不知道从什么时候开始家里堆满了各种各样的瓶子，吃完果酱后瓶子里总是腻腻的，用清水冲洗干净以后，却发现瓶身格外漂亮，三个一组，插上不同的植物叶子，真的会有意外收获哦！

2. 矮口瓶适合放云竹

低矮的身形适合摆放云竹一类的成片、横向展开的植物。

3. 颈伸瓶适合放尤加利

尤加利叶片层叠有致，纤细的身材最适合颈伸瓶。

4. 宽口瓶适合放郁金香

宽口瓶在摆放植物时要注意聚合植物根部，让花头和叶子散开。

5. 搭配瓶身颜色，错落打造小小植物园

有的汽水瓶子本身就带有不同的颜色，比如巴黎水的瓶子，这个时候就需要搭配相宜的瓶子，例如上图中的四个瓶子，形成了以粉色为底色调的画面感觉。所以在打造小小植物园的时候，两种颜色是极限，瓶身颜色搭配一定要岔开。如果除了绿叶之外，还会用到花，花色也要搭配均匀。值得注意的是，将最受宠爱的花朵单独摆放，用一个玻璃容器将它呈现出来，很适合小户型空间。

编剧春晓的烦恼：每次拍古装戏我都会淘一些陶罐、土罐，在家里面堆得到处都是，有什么办法可以在家把它们都好好利用起来吗？

土坛、土罐也有新思想

1. 老酒罐、旧水壶……想都想不到的古董也能有新用处

当这些老古董散落在家里布满灰尘的角落时，你可能没有想到把它们聚合在一起就能够产生出强大的情感影响力。这些小东西看上去没有水晶、玻璃、钻石那么耀眼，但却用自己质朴的材质一点点地诉说着岁月的痕迹，组合在一起就成了小家里面最有味道的一道风景。

2. 粗泥、光瓷、半块窑……土生土长的乡村情结

搭配大地色最好的室内单品就是烧制的瓷器，不论是光滑的表面还是粗糙的手感，任何一种单品对于大地色都是一种迎合和衬托。都市生活中已经越来越难见到这些返古的物件，恰是如此才让泥土弥足珍贵。你可以让它们盛满泥土，让新鲜的栗子在里面自然生长；也可以用它们盛满雨露；或者干脆让里面空空如也，要的就是这点味道。

玩具店老板小嵩的烦恼：老婆很喜欢买杯子，各种各样的玻璃器皿她都喜欢买回家，家里就我们两个人，很多瓶子买回来后怕摔坏都存在箱子里，真不知道有什么用处！

如何巧妙设计家里的水晶杯、玻璃杯

1. 玻璃杯不用来喝水的时候怎么办

以前总喜欢把玻璃杯放在柜子里，现在多一些装饰手法，你会发现它们在一起会带来不一样的艺术感觉，特别是搭配咖啡色、深棕色，其原始野性的自然美感与现代低调的奢华感完美融合。

2. 给它们一个舞台，水晶杯可以表现得更精彩

从来没有想过可以把这些易碎品放在外面，好像一不小心就会把它们碰倒摔碎一样。其实它们没有我们想象的那么脆弱，利用稳定的表面将它们逐一呈现，你会发现很多有意思的装饰效果。特别是利用它们独特的透光性，将背后时尚的墙布也映托了出来，杯身与墙面若隐若现、合二为一了。

大艺术的世界，如此妙不可言

1. 在蜗居里变身艺术大师

真正的艺术家不是高高在上的，而是生活在小蜗居中。我们有时候会为一块奶酪或者巧克力而高兴一整天，快乐就那么简单，最后再把奶酪瓶清洗干净，突然眼前一亮，创作开始吧！

首先用厨房纸将瓶身内外的水都擦干。然后就可以开始创作了。傻乐傻乐的吃货们趁大脑停止工作前，赶紧构思瓶内的作品，将日常作画的画架模拟成缩小版，然后在上面点上最简单的符号。因为面积有限，越简单越精彩。

谁说只有凡·高、达·芬奇才可以创造艺术？小蜗居里的积极分子也可以乐此不疲。

2. 长草的“果酱瓶君”，重新来认识一下吧

首先来认识一下玻璃的好处。

没错，玻璃随处可见，四处皆可视，不是30度、90度、180度，而是360度，你的设计是围绕着360度展开的，这是一个怎样的概念呢？也就是说当你发神经、发脾气、发出任何非常态视觉需求的时候，这些小瓶子都可以无条件地包容你、满足你。（注意是水平的360度，不是立体的，所以观察头部和底部是没有收获的。）

不仅如此，你还可以在1秒钟之后更换掉前面一张视觉疲劳的图片，将旅游带回来的明信片卷缩着放在里面，利用弧度和光影让明信片上的图案更加鲜活立体。而瓶身内部则可以存放很多零碎的小东西。

3. 把家瞬间变成海底世界，好吗

海边度假时带回来的贝壳、小海螺甚至是小螃蟹都可以放到这个小瓶子里。如果再带回来一些海沙就更好了，你的海底世界会变得更加生动活泼。也许你已经有些飘飘然了，其实这些都是用奶酪瓶做的，或者吃掉的别的什么东西。以前是不是都扔掉了？这下可舍不得扔了，赶快行动起来吧！

4. 这一次，真正要装什么像什么

装上羽毛让瓶子顿时变成生态园，装上贝壳突然又好像深入海底世界，装上小石子又回到童年时代……关键就看你的想象力有多丰富，艺术馆就是你一手创造的。接下来，你想要装什么呢？

袋、盒、筐、格……
到底哪个装得最多

不同的收纳法器各有所长，
清楚自己需要做什么，
才能够更有效地选择利用。

收纳工具一　袋子
能装指数　＊＊＊＊

1. 小东西，大用处

每一个袋子都没有看上去那么简单，你可以把它们放在厨房装菜、装水果，也可以把它们挂在客厅的玄关墙上随时更换，每一种图案都成为一种装饰心情。它们或许只能装下六七个西红柿或者八九根香蕉，但是如果没有它们，你的这些小物品就会“无家可归”了。

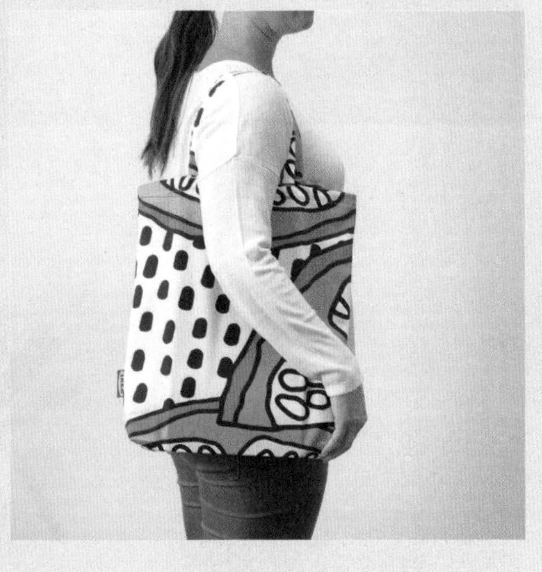

2. 虽然比的是能装指数，但颜值也不能忽视

用袋子收纳的优势就在于可以随时改变颜值，而且如果把常用物品放在袋子里面，想走就可以走，还不会担心忘记带钥匙、手机等必备物品。

3. 适用于移动族的储物袋式收纳法

有数据显示，在德国60%的人一生都选择租房，他们会把更多的钱用于享受生活。而最新的家具展也显示移动居住的方式会越来越受欢迎，你是不是可以考虑把那些堆在柜子里的物品重新放回储物袋里面呢？这样随时想搬走，就可以轻松出行，这或许是袋式收纳法最远大的理想吧！

4. 袋子如何兼顾装饰与收纳

突破对于袋子的传统印象，大家可以多利用袋子的原理来设计自己的收纳工具，比如利用蜂巢的设计原理，将物品按照不同类别装起来挂上。这样不仅拿取方便，而且也会是客厅里非常有趣的装饰小物件。

收纳工具二 盒子
能装指数 ＊＊＊＊

1. 中看不中用的盒子你家里有几个

盒子在印象中应该是收纳中最有人气的物品，因为价格不贵，而且可以让物品统统眼不见为净，可有些盒子恰恰是透明的，比如用来装一些装饰品或者想要显摆出来的首饰，你有这样的小心思吗?

2. 适合收纳珍贵零碎物的小盒子

什么叫珍贵零碎物？比较好的解释就是你自己觉得不想被来访的客人轻易看见的东西。比如爱人写的一张小卡片，又或者朋友新送的一支小钢笔……它们并不十分珍贵，却在那时那刻具有影响力，所以客厅里裸露在外的小盒子还是很具有收纳能力的。

3. 来个大点的吧，当孩子在客厅“大闹天宫”以后

孩子随时随地都有可能“大闹天宫”，如果你不想劳心劳力地去吼他、教育他，那等待你的必然是“清理战场”。刚才说的那些优雅的收纳工具也许根本不适合真实生活中的妈妈们。一些没有盖子的盒子或许会成为你的好帮手，最好还能够有一个拉手，这样当妈妈们用最快的速度帮宝贝把玩具清理好之后，孩子还可以轻松找到。当然最好的办法，是让孩子自己来收拾这些东西，毕竟你不能一直陪着他。

收纳工具三　筐+格
能装指数　* * * * *

1. 有没有方便随手扔东西的收纳工具呢

我们很少能够做到到家就规规矩矩地把东西放到指定位置，所以在客厅设计一些方便随手扔东西的收纳工具非常有必要，比如随手放包包、围巾，随手挂钥匙，随手搭上外套，等等。这个时候你需要考虑既具有良好通风效果，同时还能够在外形上保持整洁的收纳工具。一般来说篮筐会比较简单，而且原木的材质也比较适合短时间存放物品。随手放一些小东西的筐不需要很深，大约宽 23 厘米、深 31 厘米、高 15 厘米就可以了。把盖子盖上还可以坐在上面休息，多个篮筐还可以叠放使用，最适合小居室的客厅。

2. 如何满足居住者特殊的收纳需求

喜欢偶尔画画，或者练练书法，会不会苦于纸稿不好收纳呢？用藤编的筐放图纸，最方便的地方在于可以随手拿取。通常 8 开图纸卷起来的高度，正好在指尖垂直的位置，最适合特殊的收纳需求。

3. 每个家里都应该有一个海草篮子

你既可以提起把手，也可以放下把手仅仅展示里面的东西。相比将物品零散地堆积在沙发或茶几上，躲在角落里的海草篮子能够让你的家井然有序。最重要的是，它们贴近自然的外观让你的家看上去安静而生态，还能让你轻松找到要找的物品。

4. 无处不在的收纳格

根据需要为每个小格子定制尺寸，内部的照明可以凸显物件的线条。而在内部增加挂钩和多层设计，可以让小格子发挥更大的价值。每一个格子都装上一扇门，开门就能够取物，门一关上就与外界设计合二为一。

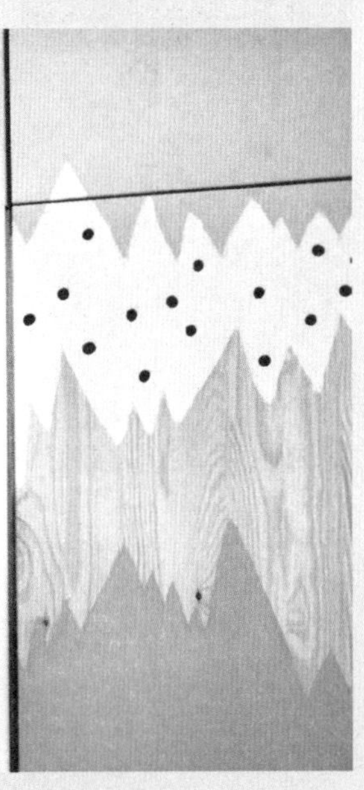

5. 露 + 藏，最灵活的收纳搭配

有人说露与藏有一定比例，其实完全取决于自己整理的频次。柜子 + 抽屉 + 盒子怎么放都可以，如果你希望呈现出更多的生活方式，可以将整个柜子放平，这样一整条的长方形面板就可以成为展示区，在上面摆放一些花草植物或者随手拿取的体育用具、收纳小盒。如果地面空间不够，就将柜子立体摆放，顶部放置奖杯一类的东西。

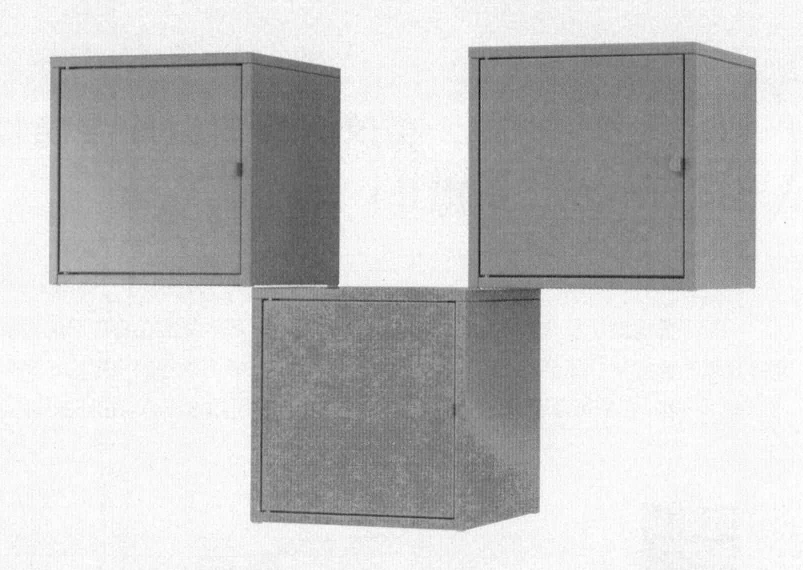

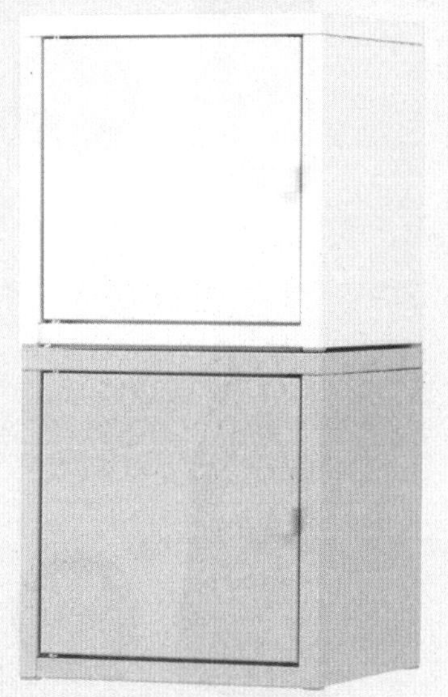

6. 收纳新玩法——格子立体组合积木

根据家里空间的面积大小，将原本只有25厘米×25厘米的小格子进行立体组合，很好地利用了空间，同时将储物变成了一件很好玩的事。不论是直接放在地面角落，还是设置在墙上将格子变成积木，完全可以根据自己的喜好随意拼叠。最重要的是柜门的设计能够保证储藏物品的防尘性，方便实用。

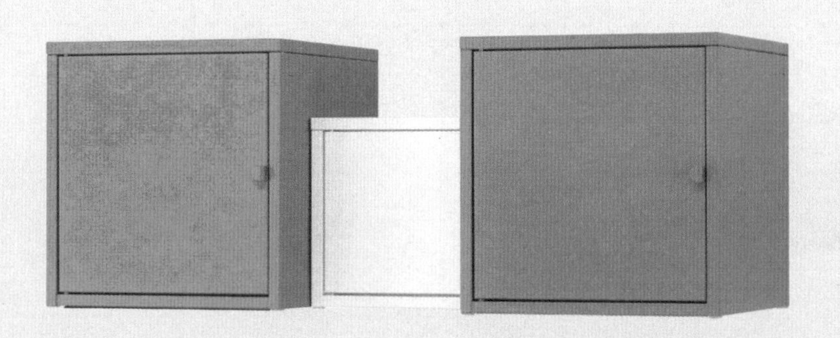

哇，有这么多可以用来储物的玩意儿！

想把下面这些玩意儿统统搬回家吗？当然了，如果每件物品都有自己的归属，那家里就不会乱得一塌糊涂了。或许你花了几十万元来装饰自己的小宅，却没有发现这些小东西，它们可爱而调皮，一直在家居卖场里面，可是你却总与它们擦肩而过。

收拾房间也可以高高在上

不浪费任何一个顶部空间，
隔板、抽屉……用多种方式摆放物品，
恰到好处，才能够看着顺心如意。

痛点一　小客厅的收纳问题是永远的痛

1. 什么叫作鼎鼎有力?

靠近天花板附近 50 厘米的位置，可以设计一个隔板支架，摆放不经常阅读的书籍，按照颜色和大小进行摆放，可以起到很好的装饰效果。

如果你愿意，可以定做相应尺寸的盒子，盒子的外形根据自己的喜好进行装饰，或者简单地用彩色笔、购物后留下的包装袋进行装饰。至于盒子的内部容量，完全可以根据功能性，设计 50 厘米 ×50 厘米的正方形空间，或者 50 厘米 ×30 厘米的长方形空间。

值得注意的是，顶部空间都以方形为主，可以增加整体感。

2. 试着把东西藏高点

在隔板的简单设计中，花一些小心思，以柜子的方式偷偷放点东西，突然感觉又好像多出来一个空间。除此之外，照明细节的安排增加了高处置物的实用性。

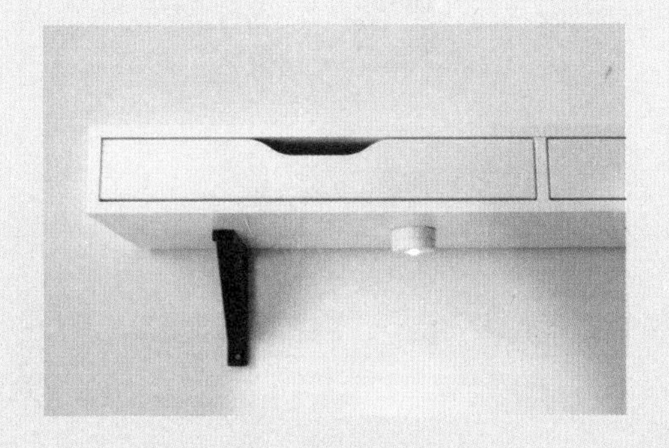

瑜伽教练千叶：我家把客厅隔小了，为了多出一个练瑜伽的房间，所以客厅就只有5平方米。我计划把一些书和装饰品放在客厅里面，怎么做才能不拥挤呢？

3. 不拥挤，其实可以一点点地往上放

立体空间的最高层次就要数“高高在上”了，对于有孩子的家庭来说，高处适合摆放玻璃等易碎物品；而对于有老人的家庭来说，高处则适合摆放不经常使用的、轻便的物件。从视觉上来说，一点点往上的设计，能够让墙面空间变得生动有趣。

痛点二　到底有哪些东西比较适合放在高处

1. 不常用的相框和古旧的乐器

做标本的相框或者不经常使用的乐器都可以放在柜子的顶上。虽然不一定伸手能够到，但能极大地节省空间。这样敞开摆放要注意定期清洁，不然肯定“灰头土脸”。

2. 书和小件装饰品

不经常看的书籍一般都会放在高处，60%的饱和度可以让你的储物装饰更加游刃有余。这样你还可以根据当下的心情，随时摆放一些自己喜欢的装饰品。

3. 手捧收纳盒

如果在高处摆放了没有把手的收纳盒，最好将收纳盒的大小控制在手捧的范围内，可以放围棋，也可以放一些自己珍藏的小件物品。

4. 精致的瓷器

精致的瓷器因为并不经常使用，所以会放得高高的，一来可以防止摔碎，二来作为一个有品位的展示。

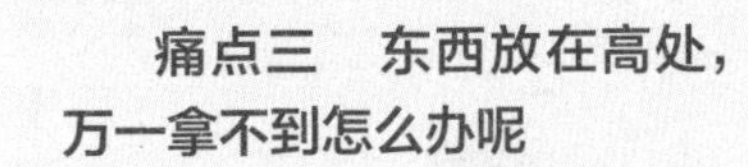

痛点三　东西放在高处，万一拿不到怎么办呢

1. 怎样方便拿取放在高处的东西呢

放在高处并不代表束之高阁，而越是放在高处，越要对收纳装置设计精心，想要方便拿取就一定对把手有特殊的要求。首先要有把手，其次把手的材质一定要舒适，在决定高处收纳时一定要考虑清楚。

2. 高处收纳必须要有的居家装备

光想着把东西放上去了，什么时候拿下来呢？怎么拿下来才方便呢？这里为大家推荐一些高处收纳时必须用到的居家装备，免去你的后顾之忧。

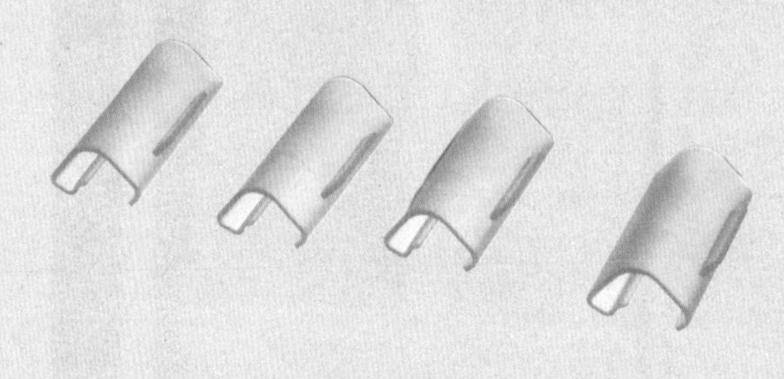

储物盒弹子锁

因为摆放在高处，所以盒子的收纳方式最好能够配以结实牢固的扣合，从而保证盒盖能够紧密地封闭在一起。这样在拿取物品的时候，避免因为盒盖松开而导致储物盒内物品散落的危险。

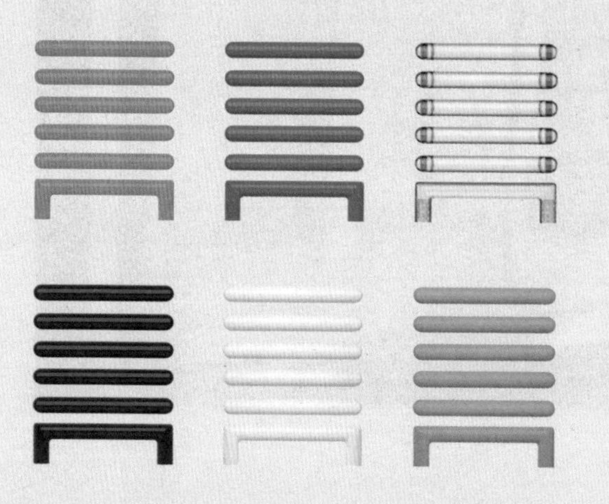

把手

储物装备超出身高 50 厘米的都需要配置把手。你可以尝试伸长胳膊，如果需要伸直胳膊才能够到的储物设备都需要增加把手，这样在使用时才能够方便拿取。

脚凳

脚凳没有梯子那么麻烦，如上楼梯一般，便能轻轻松松拿到高处的东西。不用的时候放在柜子旁边，孩子还可以把它当作小板凳，一物多用，这可是小户型最经典的法器。

翻译 Tracy 的烦恼：我也想更加高效地利用空间，可是我个子不高，所以基本上都是按照身高以下来设计收纳空间的，但还有好多东西放不下哦！

痛点四　对于 1.6 米以下女生，应该如何设计高处收纳呢

1. 重新理解高高在上的收纳方式

高处并非单纯的高，而是一种立体的代名词，将平面空间利用多层柜体组合收纳，与单一平面的矮对比，从而形成高的视觉效果，适用于永远感觉不够用的小空间。

2. 放在高处，最好采用打包收纳的方式

对于身高在 1.6 米以下的女生，放在高处的物品最不容易拿取，因此也最容易招惹灰尘，所以放在高处的物品，最好能够有统一的收纳盒，避免单纯裸露在外。

生活那么累，如何打造一个取悦家人的客厅

早在 2010 年，首个《中产家庭幸福白皮书》在上海出炉，调查历时 2 个月，覆盖了全国 10 个省及地区、35 个城市，共有 10 万人参加此次活动，总结出了影响中国家庭幸福的前五个因素，分别是健康、情商、财商、家庭责任以及社会环境。由此可以看出，家人的情商和家庭氛围对幸福感产生的影响力，如果家庭成员缺乏情商便会不断地产生摩擦，让回家不再其乐融融。相关医学数据也表明，人的疾病 75% 是由情绪引起的，所以保持愉悦的心情寿命也会因此而增加 5 ~ 7 年。而作为家居环境的心脏位置——客厅，是家人和朋友相互交流情感和娱乐的核心区域，如果这个区域不能够留住家人，不能够增加家人的互动与沟通，那家庭的幸福感必将下降。正因为如此，打造一个取悦家人的温馨舒适的客厅，能够缓解家人紧张、不和谐的关系，也能为孩子的成长带来阳光。

留不住人的客厅的矛盾细节元素

矛盾排行	矛盾指数	矛盾细节元素
第一名	90%	客厅温度过冷或过热，让家人不得不过早地躲进卧室，导致家庭共处的时间减少。
第二名	80%	没有充分考虑多家庭成员的居住需求，比如有腰椎间盘突出的家人不适宜坐在过软的沙发上。
第三名	75%	过于性感、私密以及个性的装饰元素不适宜在客厅区域摆放，会让家人相处的时候产生不舒服的感觉。
第四名	70%	家庭矛盾本身就比较激烈的客厅空间要避免使用浓烈的色彩，容易诱发情绪激动。
第五名	60%	家庭成员中如果有工作特别忙碌的成员，客厅设计中一定要避免使用多宝阁一类容易诱发强迫症和紧张感的密集家具。
第六名	40%	不注意照明设计，容易让客厅产生冷漠的感觉，不利于家人沟通。
第七名	35%	错误地在家居客厅空间中大面积使用镜面，容易让人产生心理错觉。
第八名	25%	沙发摆放的角度也会影响多成员家庭的相互沟通，具体可参见第 20 页“逆袭，组合沙发新玩法”。
第九名	15%	客厅空气不流通或者室内空气净化不佳，空间各种异味无法及时排出。
第十名	10%	物品过于堆积，让家人在客厅无处可待，客厅变成了一个储物间。

愉悦空间的简单制作法则

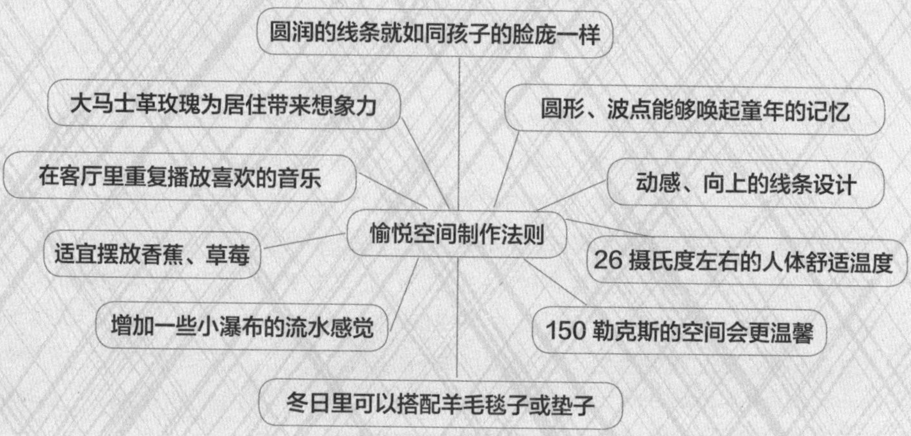

愉悦空间制作法则
- 圆润的线条就如同孩子的脸庞一样
- 圆形、波点能够唤起童年的记忆
- 动感、向上的线条设计
- 26 摄氏度左右的人体舒适温度
- 150 勒克斯的空间会更温馨
- 冬日里可以搭配羊毛毯子或垫子
- 增加一些小瀑布的流水感觉
- 适宜摆放香蕉、草莓
- 在客厅里重复播放喜欢的音乐
- 大马士革玫瑰为居住带来想象力

（打造一个愉悦空间是一件相当复杂的事情，需要对居住者进行深度的问卷访谈，而更多的时候，只要满足法则之一就能为居住带来愉悦感。）

为居住者打造愉悦感客厅访谈问卷示例

居住者身份	示例访谈提纲
单身女性居住者	1. 过去一周，在客厅的主要时间段是哪些？
	2. 昨天一天，在客厅主要做了哪些事情？
	3. 试着观察自己明天一天在客厅中的行动路径。
	4. 请描述下客厅的使用情况，独自使用，还是和家人、朋友、室友共用？
	5. 请描述下客厅的面积大小以及结构模式。
多家庭成员主妇	1. 请描述下昨天家人的相聚情况。
	2. 当前客厅主要存在的问题是什么？
	3. 是否每个家庭成员对客厅都满意？不满意的理由有哪些？

备注：由于篇幅有限，所以只能提供示例，无法定制问题，通常情况下每次问卷的访谈将会进行 30 分钟左右，并且会在每次居住失去愉悦感时再次更新。

情绪空间知识

普林斯顿大学社会心理学博士亚当·奥特（Adam Alter）曾经写过一本叫《粉红牢房效应》的书，书中提到，一名叫夏乌斯的教授曾经做过一项简单的实验，一男子在注视过粉红色纸板 1 分钟之后，明显变得比较衰弱，对实验人员施加的压力毫无抵抗。在西雅图的美国海军矫正中心，两名指挥官尝试着把其中的一件牢房漆成了粉红色，贝克一级准尉与中心指挥官米勒上校，看着一个新进的囚犯在愤怒、激动的情况下被送进那间粉红色的牢房，然后在 15 分钟后其就变得平静了许多。于是在 20 世纪 80 年代初期，这种粉色牢房效应便掀起了一股通俗文化的小热潮，疲惫的精神医师、牙医师、内科医师们都尝试着将墙壁纷纷刷成了粉红色……

据说一个成年人可能要接触 3 万件不同的物品，而充满各种物质的世界构成了我们的空间感，这些物质作用于我们的身体，让身体与空间产生互动效应。有的人喜欢排列得整整齐齐的电灯，而有的人喜欢把这些统统拆掉，只在角落里留下孤零零的一盏落地灯。如果你不希望客人在你家里长待，那最好不要给他提供舒适的座椅。每分钟 50 ~ 70 拍的节奏能够让你的客厅变得如同摇篮一般回归到最初的状态，那么，你希望传递出一种什么样的情绪，那就打造一个什么样的情绪空间吧！

10 年前，我开始进行情绪空间的研究，其实这并不是什么新概念，前人已经做了很多事情，因此我有大量的资料和素材可以参考。我不觉得“情绪空间”这个词具有什么特殊的魔法，而我所做的事情，只是想让空间这个看似毫无情感的家伙，更加富有魅力，而并非单纯的视觉动物。

能够引发人们不同情绪反应的空间被称为情绪空间。情绪空间是一门复杂的科学体系，空间物质通过视觉、听觉、嗅觉、味觉、触觉、光感、人体工程学……多元而立体的方式，全维度地刺激人类的大脑与心理，从而引发不同程度和不同类型的情感状态。

正是在这样大概念的指导下，收纳整理成为了居住空间情绪诱导因素中细微的一环，但处理不好却会令人抓狂。这个时候，你应该设想一下当你回到家，愉快地待在客厅里面和家人相聚的时候，你将会获得什么？

4 超满分幸福指标

何为满分客厅？

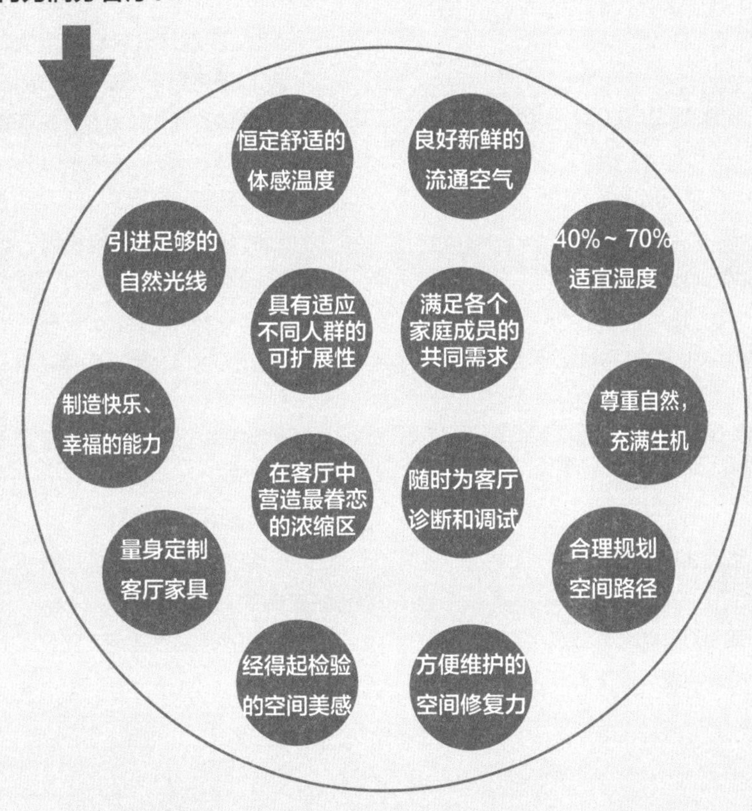

童心　如何分割 Kidault 的专属空间

环保心　最抗霾的环保装饰方案

沁心　高境界，无植物也沁心

怀旧心　破布、旧杂志、废报纸……老光景里的鲜活“饰界”

自测题 诊断你的客厅是否健康

测试一 立即拿出温度计，测量客厅当下的温度

A 10℃左右

B 32℃左右

C 25℃左右

测试二 用霾表测量客厅空气中的污染平均值

A 701 ~ 999.9 μg/m^3

B 301 ~ 700 μg/m^3

C 0 ~ 300 μg/m^3

测试三 近距离检查客厅墙面的裂缝数量

A 4 ~ 10 条裂缝

B 3 条以内的裂缝

C 没有裂缝

测试四 查看客厅照明系统中，一共有几处照明

A 只有一盏主灯

B 因为担心用电量，没有主灯，只有局部设计

C 没有主灯，客厅顶部照明均匀分布，并且注意了局部照明设计

测试五 客厅照明系统中的照明光设计

A 以白色为主，没有专门的设计

B 照明光线比较复杂，各种颜色都有

C 整体偏暖光，只有光线深浅设计

测试六 客厅是否有植物

A 没有植物

B 有一盆大植物，会定期更换鲜花

C 在阳台区域有一面植物墙

测试七 客厅的使用情况

A 很少在客厅待，工作太忙，老加班，回来家人都睡了

B 每天晚上都会在客厅看书、聊天、看综艺节目

C 每两周会邀请朋友到客厅小聚

答案：选择 A 得 1 分，选择 B 得 2 分，选择 C 得 3 分。

7 ~ 11 分 客厅健康状况比较差，应该多注意提升客厅的综合舒适度，避免对客厅空间的浪费。

12 ~ 16 分 客厅健康状况一般，有亟待调整的小细节，最好能够进行局部沟通，准确提高舒适度。

17 ~ 21 分 恭喜你，你的客厅健康状况良好，是一个受欢迎的空间，可以增加一些暖心小设计。

童心未泯的行政专员田梦瑶：我的小房子只有50平方米，是一个大开间，我希望把所有的功能都弄得好玩，有什么好办法吗？

如何分割 Kidault 的专属空间

kidult, 是英文 Kid（小孩、小子的意思）和 Adult（即成人）的组合词，是指有着小孩特质的心态、心境、个性、趣味的成年人。Kidult 所表达的是一种新的生活态度。在 10 平方米的客厅中为 Kidault 们打造一个自己的天地，预算在 100 元以内，使其成为客厅中密不可分的一部分，用来标榜童心未泯。

意外之喜

在沙发的背后设计上图中这样一张桌子，不到 100 元钱的花费就可以分割出一个特殊的空间。

在这里可以摆上你喜欢的桌面玩具、轨道玩具，甚至是火爆电影里面的动物玩偶、功夫熊猫等，50 厘米 ×100 厘米就足够你玩了。

高效利用空间

按照墙面的宽度，设计 40 厘米宽的面板，就可以轻松打造一个精致的书桌。利用可插入的暗条，你可以将墙面进行切割，用以插入不同的层板，这样不仅可以收纳物品，还可以作为 kidault 们储存玩具的工具格。此外，在这张面板上，你还可以轻松着色涂鸦、玩剪纸。

无处不游戏

在挑选客厅家具的时候，除了养眼之外，实用是非常关键的。这样极具组合效果的小凳子，既可以独立入座，朋友聚在一起的时候，还可以拼起来玩游戏，实在是 kidault 们的绝配。

童趣色彩也好玩

将不同色彩的物品用相互拼接组合的方式进行排列，就好像开始了一场儿童节的聚会一样。通过具有冲击力的撞色能将视觉的感受力打开，简单的墙面也会变得好玩起来。

用玩具隔离

10 个一组的玩具小车就可以成为一个很好的玩具隔断了，一张 70 厘米长的桌子基本上可以被一个玩具隔断分割成两个空间，和家人彼此之间不被干扰，千万别小看这样的玩具隔断。暗示疆域将有助于增强平和宁静的心理感受，赶紧把角落里冷落多时的玩具车拿出来，重新发挥大作用吧！

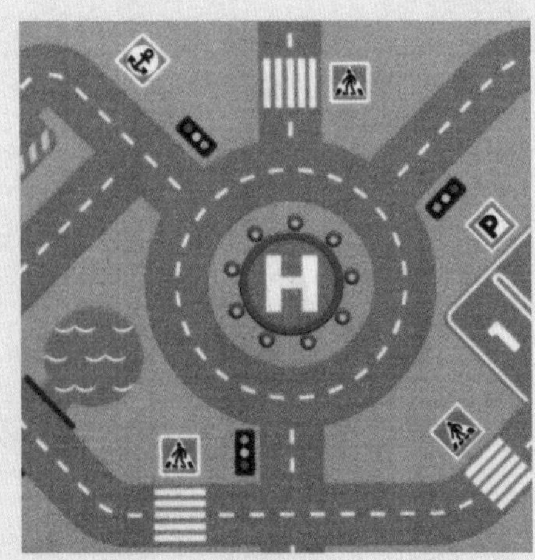

启动游戏毯

谁都有贪玩的时候，小时候玩起游戏都不想睡觉。划分疆域最好的办法就是找一张自己喜欢的游戏毯，不用太大，75 厘米 × 133 厘米就可以，在上面重温童年时光，即使加班再晚，回到这个空间，就开启了最单纯的美好时光。

迷你游戏组合

总觉得家不够大、玩的地方太少，其实是我们没有开动自己的大脑。有的时候一个小小的台面就可以生成无数种游戏的方式。很多家具品牌都有自己经典的迷你款，比如图片里面的迷你组合，剪下包装袋上的图画，涂上颜色并且作为设计元素使用。发挥想象力不只是孩子的天性，同样适合不老的你。

4 种适合用来分割 Kidault 专属空间的“小咕咚”

每一个有趣的“小咕咚”都可以用自己的方式发挥分割的乐趣，其实每个物件都有很多的功能，而在 kidault 的眼中，这些“小咕咚”显然法力超群。

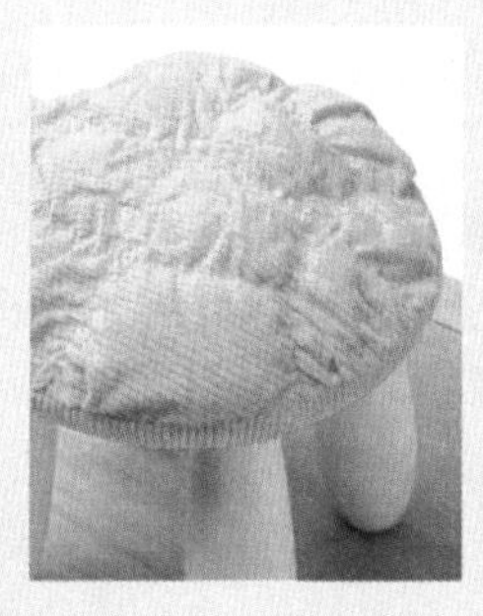

萌萌小凳

这款小凳非常普通，但因为有了这样舒适的脚凳套就变成了超萌的小咕咚。萌萌小凳排排坐，为 kidault 开辟了可爱的疆域。如果小宅面积不大，3个小凳就能自成一体。

耳钉 LED 灯组合

像耳钉一样的 LED 灯可以将不同的空间进行组合划分，而且它的使用寿命是普通白炽灯的 20 倍。

彩虹城堡，收纳箱“堆高高”

有的时候会很烦恼家里面太乱、太单调、太没有自我的空间，有的时候一看到“哆啦 A 梦”“天空之城”就特别想回到童年，真希望每天都能看到彩虹……每一个 kidault 心里都有一座彩虹城堡，或许你可以考虑将收纳箱“堆高高”，怎么玩都可以。

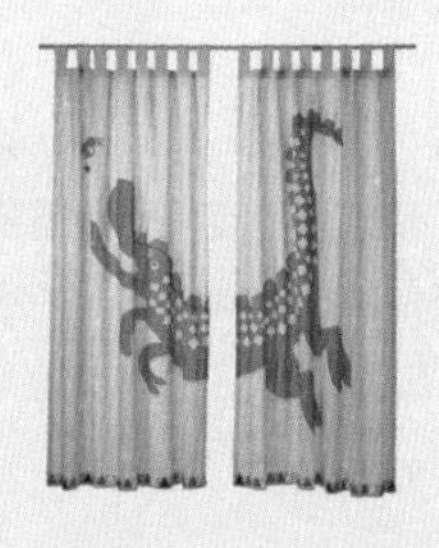

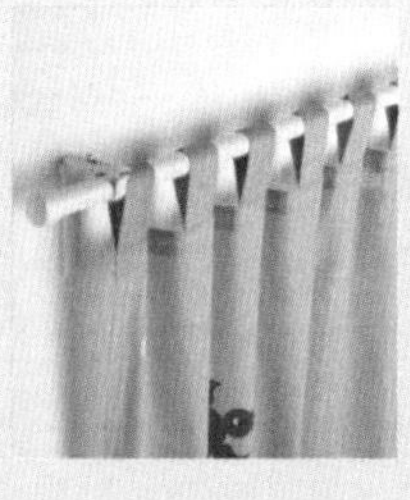

躲猫猫

选出自己最喜欢的图案，让这个图案变成自己的标志物。选择窗帘进行分割的最大好处就在于能够有更强烈的包裹感，就好像可以藏起来，玩躲猫猫一样。

Kidault 专属空间划分方式

组合方式一　边缘处理

利用裸露的墙面进行设计。

依托墙体向上延伸。

在 60 厘米的位置设计面板，作为 kidault 的游戏区域。

组合方式二　隐藏设计

利用沙发或者客厅柜体的后背，

放置一张 50 厘米 ×100 厘米的桌子，

上面可以摆放轨道玩具。

喜欢积木的 kidault 可以将桌子下面设计为储物抽屉，存放玩具零件。

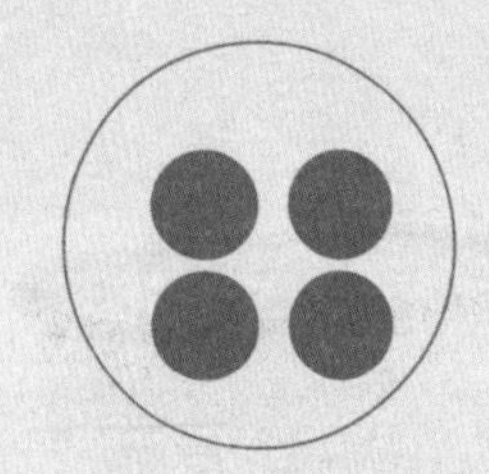

组合方式三　点状植入

散点植入是 kidault 空间设计中最便捷的方式。

可以根据现有空间布局，将直径为 30 ~ 50 厘米的圆形柱体放进来。

灵活性取决于空闲空间的数量。

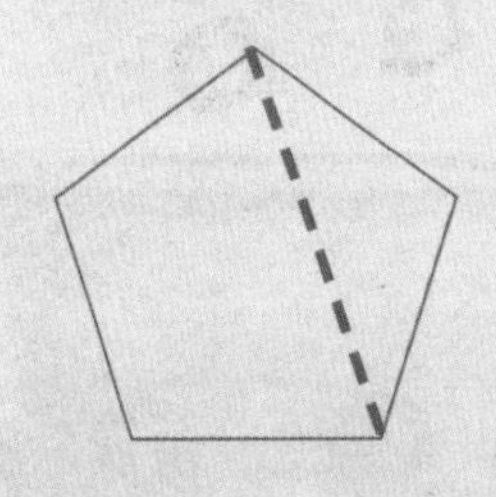

组合方式四　不规则分割

对于不规则空间的分割原则，应该首先发现角落的连接方式，以一个角落为出发点，然后就近选择。这样能够实现空间的最大化利用，而且还可以维护空间的私密性。

组合方式五　极小户型，通道分割

一般情况下不建议在通道处进行分割，但如果你的户型属于极小型，且家里人数较多，又没有多余的空间，那么这就是最适合你的方式。通常采用的分割方式是平面分割，而利用通道我们要做的是立体分割，也就是将通道的层高看成一个整体。你可以挑选各种游戏地毯，日常生活的时候，它能够增加舒适度，而想玩的时候，又可以在上面尽情游戏。

Kidault 族群专属空间色搭配

甘露与黄油

这样的搭配会让空间立刻活跃起来，没有高饱和度，所以不会有视觉疲劳。

草莓与巧克力豆

很女性化的色彩，因为没有社会属性的压抑，女性会更容易表现出 kidault 特质。

你是 kidault 吗

1990 年以前出生的

确保你已经成年，并且具有一定人生阅历，你懂得生活的真正意义和价值。

男性或女性

性别对于 kidault 来说不是问题，在设计风格上，女性偏手作类，男性偏机械类，大家各自玩的东西不一样。

口头禅

kidault 喜欢说“这就是生活！”我喜欢说：我喜欢棉麻材质，我喜欢金属质感，我喜欢……

最抗霾的环保装饰方案

设计释放负离子的环境，
用最生态的设计来养护我们的身心，
在家里和它们一起进行光合作用。

方案一 场景营造类

场景一 热带雨林

热带雨林是地球上抵抗力最高的生物群落，也是地球赐予人类最为宝贵的资源之一。

有消息说，全球的热带雨林，会因人类滥砍滥伐、毁林采矿及毁林种地而急剧减少。众多雨林植物的光合作用净化着地球上的空气。其中仅亚马孙热带雨林产生的氧气就占全球氧气总量的 1/3，故有“地球之肺”的美誉。调节气候、净化空气、营造良好生态圈……而这一切对于全球抗霾都有着巨大的影响力，如果你无法千里迢迢地跑去热带雨林，那么不妨在自己的小宅里面营造一个热带雨林的生态环境，让家人享受新鲜和自然的空气。

场景二　天然氧吧

仙人球具有一定的防辐射功能，仙人球的呼吸孔在夜间打开，在吸收二氧化碳的同时释放出少量的氧气。不仅如此，它还能降低辐射、释放负离子。有了它就仿佛制造了一个天然氧吧。

场景三　小小花房

小户型在培育绿植的时候，最担心蚊虫对室内环境地破坏了。这样的小花房，能够让你在亲近自然的同时，免除了后顾之忧。不仅如此，还能够制作各种有趣的微景观。小小花房在小空间里面可随意地拎来拎去，轻松自在。

方案二　实用功能类

功能一　花架也能做收纳

对于小户型的居住空间而言，花架也需要具有收纳的功能，这样才能够更有效地利用空间。特别需要重视的是立体空间，按照设计师的想法，将多棵植物摆成一排还可以用作房间隔断，真正实现一物多用。

功能二　绿植分割新空间

大面积、组合式的摆放可以让绿植分割出新鲜的室内空间，特别是对于 10 平方米以内的小客厅而言。绿植分割的功能空间更加环保。不用特别挑选某一类品种，甚至不用任何讲究，放在一起就能出效果。

功能三　垂直花园 360 度无死角抗霾

巧妙利用不同的花器就可以带来不一样的抗霾效果。垂直花园最大的功能不仅在于视觉，更在于 360 度无死角的抗霾效果。郁郁葱葱的感觉真是太棒啦！

功能四　消解寂寞的趣味绿植

或许你没有发现，无声无语的绿植是消解寂寞的法宝。神采各异的造型让这些绿植变得有意思极了。你可以去植物园里面挑选自己喜欢的品类，每次在家里看见它们都会忍俊不禁。

方案三 纯视觉装饰类

装饰方法一 制造层次感

受限于面积，想要拥有自己的植物园成为了一个梦。但在小客厅里面，利用不同的植物架制作出层次感却独具匠心。这样错落有致的效果，让小客厅变得趣味横生，易堆积灰尘的角落也因为绿植族群的加入而变得生机盎然。

装饰方法二　精心设计客厅里的小窗台

白色素雅的花盆搭配垂落的常春藤，把客厅带入四季如春的境地。PM2.5 浓度再高，也无法抵挡这样的抗霾激情。

黑色与泥土的自然结合，让台面变得成熟而稳重，小户型在用色上向来都非常讲究，尽量选择浅色，避免聚合压抑的深色，而这一款搭配却别有韵味。

花从来都是赏心悦目的，每一种花都有自己的语言。选择绿植或者鲜花对窗台进行装饰，完全反映了自己的心理状态，而通过两者的变化更替，更能为抗霾带来乐趣。

单纯在窗台上摆放绿植，实在觉得有点奢侈，现实是，我们会习惯性地放满书、眼镜、首饰等，因此更需要一个别致的绿植装饰，比如弧形。

装饰方法三 帮你找到最适合自己的抗霾装饰

看了很多收纳整理书籍之后，你会发现，那些号称销量百万级的整理畅销书中的各种魔招，放到自己身上，并不一定适用。因为谁也不知道你下一秒是想开窗，还是想吸尘。编者也在各种“实用主义”中找到自己居室的影子，因为爱上租房，而不停变换，也慢慢发现了其共同的规律。而这样的规律，最重要的作用就是让你发现自己居室的影子，进而协助你找到最适合自己的抗霾装饰。

共享型

条件：至少有一扇能照进阳光的窗。

如果你的家是这样，那你的抗霾装饰一定要围绕着阳光展开。建议选择低矮的植物架，在培植绿植的时候，一定要注意高度，不要慷慨地把阳光都给了绿植，而要让阳光下的绿意装点自己的客厅。

一字型

条件：通风不足，日常干燥。

如果你的家是这样，那你的抗霾装饰最适合选择沙漠植物，也就是多肉植物。想要把多肉变成一种美好的装饰，加大同类型植物的数量会带来不一样的感受。可以利用 1 米长的台面，或者更长，控制多肉植物的高度，然后呈一字形自然排开即可。

点缀型

条件：面积极小，富裕空间极少。

如果你的家是这样，那你的抗霾装饰不适合大面积展开，但你可以星星点点地引入微景观的装饰，比如在鞋柜、沙发背后或者电视墙面上。如果这些空间都没有，至少你可以选择放在电控箱上，仔细看看，总有一个地方，为抗霾而留。

神器型

条件：除了墙面，其他地方都堆得满满的。

每个人都有过舍不得在墙上钉钉子的状态，后来发现屋子里除了墙上空空，其他地方都是满满的。对于这样的空间，最好的抗霾装饰就是爬藤植物，而棚架神器会助你一臂之力。

X 型

条件：充满奇思妙想的人。

从来都不喜欢普普通通的样子，就连抗霾的颜值也希望非同寻常，所以 X 型的想法会很了不起。讲究植物摆放的几何装饰效果，不是谁都可以做到的。

移动型

条件：一个率性而为的居住者。

相比空间的特性，居住者的个性会更具有决定意义。你会想当然地更换客厅的各种东西，而抗霾植物自然也会随之而动，所以购置一些移动型的花器会为你的抗霾方案增色不少。

方案四 随心所欲类

心绪一 想放就放

对于更多的居住者来说，比较实际的状态就是逛街的时候，随性地买一盆绿植回来。如果你是毫无规划的人，那你的房间里面至少要有一些留白的空间，1.3 米之上的空间，或者条桌靠墙的 30 厘米范围等，不至于太过于拥挤。而带回家里的小植物们也能够被妥善地摆放。需要注意的是，根据不同的植物特点，要留出呼吸的空间，让你和它们都能够待得比较舒服。

心绪二 小花怡情

有时候真的很懒，能够把自己养活就不错了，书里满是闲情逸致，现实却总是把自己掏空……所以当我们有幸在春日的清晨遇见一朵小花的时候，那份藏匿在心间的柔情就释放了出来。

其实在你的小房间里也是如此，虽然现在还只能拥有一个不起眼的小房间，但却丝毫不妨碍养育一盆小花，怡情养心。

心绪三 木随心易

在每一条行动路径上，都恰到好处地摆放些绿植。在小房子里绿植数量并不多，但却时不时地出现在你途径的地方。小户型面积不大，但如果没有合理的规划，出个门也是挺费事儿的，这个时候“木随心易”的方法就管用啦，高高低低、里里外外，鞋柜上、茶几上、电视柜上……各种植物令你目不暇接。

旅游企划Cici的烦恼：我是典型的处女座，总担心养绿植会有寄生虫，不知道什么时候那些虫就爬到我的书桌上了。所以我很少在家养植物和花，但是我很喜欢薄荷沁心的感觉。如果不养植物，有什么其他沁心的好办法吗？

高境界，无植物也沁心

心很静，家也会很静，
我们忙得没时间照顾绿宠，
但却本能地向往田园世外桃源。
如若没有植物，怎么才能够让家如森林？
总有一些办法，能够让居住的空间更加贴心、沁心。

方法一　如何巧妙运用沁心色带来自然之感

1. 你知道什么能带来薄荷的宁静之感吗

曾经读过《野性 那一抹装在空气中的绿》，其中写到都市人对于自然渴望而矛盾的心理。如果希望拥有一个清新宁静的空间，那就一定要运用薄荷装饰法。

将绿色进行调和，与灰色搭配，在不同的灰度中，将绿色稀释，薄荷绿自然是其中很重要的第一视觉，除此之外，还要根据居住者的喜好将角落进行多层次设计，换来最终的薄荷宁静之感。

2. 怎么才能够为小客厅营造草木之色

想要在房间里面拥有鲜花的繁盛其实并非难事，可要想在空间中营造草木之色却是煞费工夫。你首先需要确认自己能够耐得住草木的寂寞，特别是在这样的空间中，并不适合那些奢华植物，更多的是返璞归真的效果，素颜、素装、素色、素心……

3. 总有点小贪心，有没有什么办法留住春光

春天是最让人贪恋的季节，有什么办法可以留住春光呢？透过窗外的那缕阳光成为沁心空间里面最温柔的元素。

如果有可能给墙面来一点淡粉色，这样能够增加日光照耀的温暖。虽然没有大面积的绿植，但通过改变灯具的模样，与花姿为伍，愉悦感四溢。

方法二　如何巧妙运用透明材质带来轻盈之美

1. 每个家都应该拥有一款自己的透明小宠

你会用什么方式来怜惜光影呢？对于小户型来说，透明是一种难得的效果。

透明的天空下，只有玻璃最懂得光的价值，所以尽可能挑选一些玻璃材质的柜子，它能够让你的小宅子变得更加轻盈亮丽。就算没有植物，空间的氛围也会很好。

2. 如何设计轻舞飞扬的小客厅

透明的质感并不单纯依靠材质本身，有的时候整体的设计和空间的布局更能够带来通透和纯净的效果。虽然同样都是沙发，但却可以用疏密结合的方式，为空间留出更多可呼吸的空间，而通过花影光线的运用会更加惬意。只需要一点点的点缀，你就发现空间突然鲜活了起来。阶梯式的格局，加入更多的元素，让视觉如同裙边一样，轻舞飞扬。

3. 如何用柔美的灯光带来唯美简单的视觉感受

一定要打破对照明的思维定式，不是每一盏灯都有具体的实用性。对于小户型来说，想要具有轻盈之美，就要懂得照明的布局，不同的布局能够把整体空间盘活，这种轻飘飘的感觉就是靠视觉的延伸营造的。

一盏小灯有的时候能够产生意想不到的效果，对于小户型来说一定要尽量避免填充空间，做到小而精致。柔美的灯光对于小居室来说比一盏奢华的大主灯更加沁人心脾。

4. 怎样将通透的材质与实用效果相结合

大多数通透的材质都不太实用，也许对于身居小户型空间的你来说，觉得有点不接地气儿。所以在这里向大家推荐一个比较好的方法——巧妙地利用镜面。如果希望小居室的客厅能够增加视觉面积，那就一定要用到镜面，它所产生的视错觉能够让空间得到极大的延伸。

在镜面的使用上要注意兼顾实用性，比如在玄关或者沙发墙等处，不建议大面积使用镜面，主要是考虑到昼夜居住感受力的问题。小面积的镜面点缀不仅能够让你不经意间欣赏自己的状态，还可以延伸空间。

咖啡店员诗诗的烦恼：我和父母住在一起，没有可供自己设计的空间，但是我还是有很多想法，如何才能把我的想法一点点地融入家居空间呢?

小家已住，有没有只改变一点点就能达成目的的办法

1. 稍微换一下家里的收纳盒

能够一目了然是实现沁心的最简单的好办法，也许你已经习惯在一个大箱子里面翻来覆去地找东西，即便你已经没有了脾气，但面对一目了然的收纳还是会觉得舒服很多。可以选择磨砂或透明的亚克力材质，还有钢制框架与铁网篮的组合，不仅价格实惠，而且设计简单。

2. 稍微换一下沙发的抱枕

如果你可以顺便把沙发的外套一起换一下就更好了，其实沙发抱枕的调性对于小户型来说有着 70% 的决定意义。

如果没有植物，可以选择植物花卉的抱枕，印花或者刺绣都会给空间带来不错的视觉感受力，浓墨重彩或者清新淡雅皆可。

3. 3 元钱就可以买个杯子

对于色彩的偏好是不知不觉间形成的，或许你从来没有留意过自己买了很多粉色的杯子，或者紫色的拖鞋……

突然想要沁心的效果，没有植物，不想花大价钱，最简单的办法只有用3元钱买一个草绿色的杯子，你绝对无法想象这样简单接触所产生的作用……

网络红人晏明的烦恼：我的家里堆满了各种旧东西，不是我喜欢收集，而是它们堆着堆着就旧了。有什么办法可以让它们焕然一新吗？

破布、旧杂志、废报纸……老光景里的鲜活“饰界”

随处可见的物品，看似毫无价值，
将心比心的动手去创造，
一个崭新的旧世界，
一句一句最懂你的言语。

如何盘活压箱底儿的旧杂志

1. 想要做一个摩登的派对装饰吗

周末想邀请朋友们来小宅一聚，工作太忙没时间去装饰，那就从家里翻出一叠旧杂志、旧报纸来一场摩登的复古装饰吧！

首先拿出旧报纸，将它们剪成三角形，然后再拉出一根长长的绳子，将三角形的一边贴在绳子上依次粘贴，中间间隔 10 厘米左右，制作成 1.5 米或者更长一些的彩旗。

在朋友到来的前夜将它们统统挂起来，可以挂成 X 形，也可以单独挂一个穿堂，或者围绕着顶上的吊灯挂成圆圈……根据自己小宅的结构，怎么设计都可以。提醒大家，在客厅斗柜或者玄关鞋柜的位置都可以用彩旗进行装饰。

2. 怎样把沾满灰尘的旧杂志变身为卷心小物

家里有时候总能找到一些免费刊物，而且设计制作得非常精美，大多数用铜版纸印刷。下面介绍一下最好的变废为宝的方式：把废旧的杂志按照 6 ~ 10 厘米的宽度进行裁剪，然后一层一层地卷起来，用胶棒黏合，根据需要可以制作成自己想要的样子，最简单的可以直接制作成上图中的杯垫。

3. 太不可思议了，秒变流苏灯罩

将废杂志对折，然后从中间逐条剪开，不需保持一致的宽度，浮动在 3 毫米以内都没问题。将对折后的废杂志粘在原先的灯罩模具上，一层一层地粘下去，每次留 1/2 的位置在外面，这样就能够自然而然地形成层次感。在黏合的时候，如果能够选择一些颜色鲜艳或者不同文字的素材就更漂亮了。

租住的旧房子里的那些瑕疵，怎样轻松遮掩

1. 房间实在太小，很多杂物堆在客厅，怎样才能更美观

如果忙乱得无从下手，最简单的办法就是挑一面自己喜欢的帘子，你可以选择在墙上设计一根伸缩杆，因为房东可能不会允许你往墙上钉钉子，伸缩杆利用两面墙之间的力度可以固定住帘子。

这样设计的好处在于你不仅可以轻松分隔空间，还可以秒变换季软装，整个客厅会因为这一面帘子的纹样而拥有不同的表情。条纹、波点、斑马、卡通、格子……刚才还被杂物搞得一团糟，顿时就生气十足啦！

2. 年久出租房，墙上有裂痕该怎么办

利用不同形状的相框来遮掩瑕疵会是一个好办法。墙上的裂痕并没有固定的规律，如果是条状的就可以找对应的相框来遮掩；如果墙面比较旧，而且整体效果比较差，那就需要大胆的设计，找一些具有挑战性的、强烈吸引眼球的装饰画进行遮掩，比如左图，可以快速地抓住人们的眼球，使其忽视出租房的裂痕问题。

3. 墙面多多少少有些小污点，怎么办

旧房子租过来，没有时间去粉刷墙面，多多少少会有一些小污点，对于处女座的人来说这或许是很难容忍的事情，还在绞尽脑汁想办法吗？何不利用家里那些波点纸，创造一个波点墙面呢？不同颜色的波点，在旧旧的墙面上还是颇有一番味道的。

4. 密集恐惧症攻略

如果你有密集恐惧症，可用胶带进行修复，按照不同污点的大小，选择交叉、并排或者雪花状进行黏合。最有趣地莫过于利用墙面原有的印记和污垢分隔出一个小地球，地图的质感让这个墙面变成了立体的装饰。

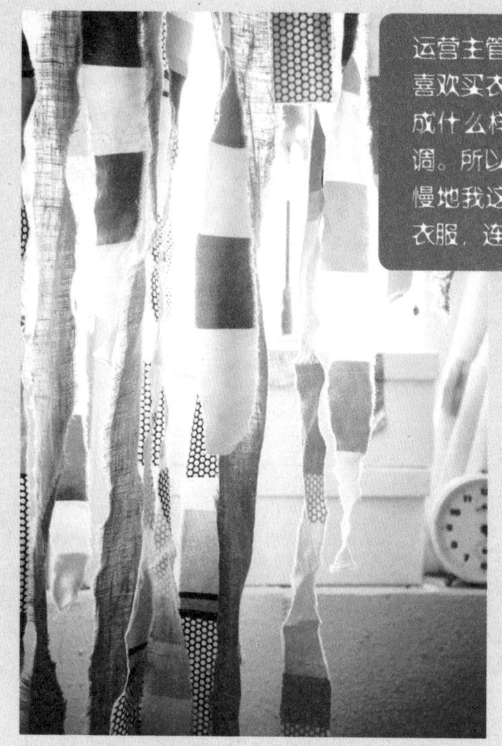

运营主管李剑豪：虽然我是个男生，却特别喜欢买衣服，这一点不比女生差，我觉得穿成什么样子直接决定了一个人的品位和格调。所以我基本上每周都会给衣柜上新，慢慢地我这个 80 平方米的小房子到处堆满了衣服，连客厅也不例外，怎么办啊？

总是忍不住想买新衣服，房子太小，该如何腾空旧衣柜呢

1. 用 T 恤来打造学生时代的感觉

T 恤最适合裁剪成布条，虽然只是更换了不同的材质，但在选择制作物品的时候就要利用材质的质感。裁剪方式相似，但布条却能够更加自然地垂下。利用这种方式能够在空间中营造出学生时代宿舍的感觉，布条的流苏效果比废旧报纸更加柔软。

2. 多种编织方法让旧衣服更超值

除了单纯的视觉欣赏外，善于 DIY 的你还可以用穿插结的方式将布条逐一固定在篮筐上。让布条自然垂下，然后将布条进行穿插编织，再将底部进行缝合就成了一个可以收纳物品的篮筐，方便实用。当然你还可以用布条来做装饰，让篮筐穿上你亲手编织的衣服，让整个冬天都更加温暖。

3. 旧围巾、旧床单如何改造成民俗风格的灯串

围巾和床单的时尚趋势也是一年一新，总是追不上最新潮流，再说了家那么小怎么可能常换常新呢，这个时候你可以先考虑把家里旧的围巾和床单找出来进行改造。拿出家里过时的围巾，或者使用了多年的旧床单，再找出过年时挂在小院里的灯串，将铁丝弯成小球的形状套在串灯外，把旧花布糊一糊，随时变化风格。

DIY 常识大普及

大体来说，DIY 分为如下几类：缝纫类、拼装类、组合类、粘贴类。不论哪一类都需要工具，不管你有多少的奇思妙想，少了神器的配合终将一事无成。神器能够让我们事半功倍，更能让你吃着美食就完成精彩大作。

缝纫机

可选择 13 种针脚图案，满足基本的 DIY 缝纫需求。包含 10 件套工具，内置灯泡，使用更便捷；设有手柄，便于携带。

装饰补丁

可以利用这些小装饰，将装饰补丁缝到靠垫、抱枕或手袋上，打造个性造型。还可以用附送的缝线来轻松缝缀装饰补丁。

电动螺丝刀

偶尔我们也要充当女汉子，一档无线螺丝刀 / 电钻可用于普通螺丝固定拆除或钻孔操作。钻孔机可设置 15 种不同扭矩，让你根据不同任务自由调整。

蜂蜡上光剂

很难说谁会突然爱上木匠的游戏，当你自己动手制作一个小木偶装饰的时候，这样一款蜂蜡上光剂，能够让天然木质表面更加坚固耐玩。

测试你是哪类怀旧玩家

不论你是租房一族，还是房东，或者恰好享受着人生的第一个小宅。在任何一个阶段你都会发现，家总是毫无怨言地承载你的喜怒哀乐，还有那些不堪重负的杂物，而正是它们构成了你的怀旧王国。现在站起来，扫射四周，最令你怀念的是什么物品呢？跟我来，去深处看看最真实的自己吧！

口感丰富的预制沙司香味浓郁，能让三文鱼等鱼类菜肴更加美味。如同你舍不得扔掉的那些泛黄的照片一样，每次看到都意味深长。

接骨木开着白色花朵，与水 1 ： 6 混合合作为餐桌上的饮料，或者调制成各种饮品。就好像你总觉得随时会用到的烛台，其实已经满落灰尘。

制作属于你的美食组合。这种梦幻的怀旧情绪与众不同，或许你家里面各种杂物堆得乱七八糟，但你依然乐在其中，甚至还用它们来装饰房间。

榛子牛奶巧克力，最醇厚的味觉都停留在此刻。你可能喜欢把各种证书作为装饰的元素，没准儿还有小学时候的呢，总之，对你来说，这些有趣极了。

金色的大瓶啤酒，口感圆润，苦味适中。然而在你的眼中，这一切或许都源于自然的生命力。你不是那种什么都动情的人，然而你却会用一个精致的玻璃瓶珍藏孩子的胎毛。

传统圆形黑麦全麦薄饼。打碎成大小适中的薄片，生活远比看上去的要单纯。怀旧或许会让你觉得有些麻烦，你更喜欢没有累赘的记忆，就好像薄饼那样干脆。

图书在版编目（CIP）数据

好想住文艺风的家 ：客厅设计与软装搭配 / 夏然编著. -- 南京 ：江苏凤凰科学技术出版社，2018.2
ISBN 978-7-5537-8651-3

Ⅰ. ①好… Ⅱ. ①夏… Ⅲ. ①客厅－室内装饰设计－图集 Ⅳ. ①TU241-64

中国版本图书馆CIP数据核字(2017)第267950号

好想住文艺风的家　客厅设计与软装搭配

编　　著	夏　然
项目策划	凤凰空间／刘立颖
责任编辑	刘屹立　赵　研
特约编辑	刘立颖
出版发行	江苏凤凰科学技术出版社
出版社地址	南京市湖南路1号A楼，邮编：210009
出版社网址	http：//www.pspress.cn
总 经 销	天津凤凰空间文化传媒有限公司
总经销网址	http：//www.ifengspace.cn
印　　刷	北京博海升彩色印刷有限公司
开　　本	710 mm×1 000 mm　1／16
印　　张	12
字　　数	230 400
版　　次	2018年2月第1版
印　　次	2023年3月第2次印刷
标准书号	ISBN 978-7-5537-8651-3
定　　价	59.80元